细做川菜

李朝亮　主编

四川科学技术出版社

图书在版编目(CIP)数据

细做川菜 / 李朝亮编. —— 成都 : 四川科学技术出版社, 2020.3(2024.11重印)

ISBN 978-7-5364-9767-2

Ⅰ. ①细… Ⅱ. ①李… Ⅲ. ①川菜－烹饪 Ⅳ. ①TS972.117

中国版本图书馆CIP数据核字（2020）第041564号

细 做 川 菜

XI ZUO CHUAN CAI

出 品 人	钱丹凝
主 编	李朝亮
责任编辑	李 珉 王 娇
责任出版	欧晓春
封面设计	韩健勇
出版发行	四川科学技术出版社

成都市槐树街2号 邮政编码 610031

官方微博: http://e.weibo.com/sckjcbs

官方微信公众号: sckjcbs

传真: 028-87734030

成品尺寸	170mm × 240mm
印 张	14.5 字数 100 千 插页 2
印 刷	四川华龙印务有限公司
版 次	2020年3月第1版
印 次	2024年11月第3次印刷
书 号	ISBN 978-7-5364-9767-2
定 价	40.00元

编委名单

主编　李朝亮

编委　胡廉泉　　罗成章

　　　张光权　　刘继云

前 言

QIANYAN

由胡廉泉、李朝亮、罗成章合著的《细说川菜》原本只为了却传承川菜的心愿，没有想到，此书问世之后竟然引起广大读者强烈反响，以至于书很快销售一空。编者之一的胡廉泉在餐饮业中浸淫四十余年，先后荣获国家、商业部和四川省多种奖励，曾编写出十分畅销的《大众川菜》等书，为培育川菜烹饪人才贡献了自己的力量。十余年来，索求书籍的人数不胜数，甚至有人不辞万里，专程从海外追寻到成都，只为购得一册《细说川菜》。读者的认可和厚爱让编者不甚惶恐、受宠若惊，进而促使对该书进行修订并再版。

俗话说"只说不做空把式"，细说虽已经详细地解说川菜，但还是意犹未尽，美中不足的是没有详细解说具体操作过程。有鉴于此，编者决定利用原成都市西城区第二饮食公司于 20 世纪 80 年代初组织众多川菜烹饪大师编撰的烹饪培训教材，在此基础上，整理、编著讲解川菜烹饪技巧的本书，以为补充。

作为和《细说川菜》一脉相承的姊妹篇，二者相融相依，构成完整的川菜文化和川菜烹饪艺术，缺其一则白璧微瑕；她俩基因一样，血缘相同，相辅相成，细说中有细做，细做中包含细说。但是两姊妹篇内涵本质并不相同，各自肩负传承川菜的不同使命，谁也代替不了谁。细说旨在阐述川菜理论，详细讲解川菜的前世今生，两千多年蝶变历程和川菜烹饪分类、味型、制法的演变，从理论高度详尽诠释川菜文化的博大精深。细做则汇集近百年众多川菜烹饪者的智慧，特别是汲取了引领行业走向、具有独门烹饪绝技的大师们的心得，内容重在讲授烹制川菜的专业规范，传授具体菜品的烹制技法，提高烹饪者烹制的实际操作能力。

本书的主编李朝亮是全国内贸系统劳动模范，曾任劳动部国家职业技能（中式烹饪）成都鉴定三所所长。20世纪90年代，受四川省人民政府委派，李朝亮赴德国任中资企业"四川天府饭店"总经理，还应国务院机关事务管理局之邀，作为中国烹饪协会代表团成员前往加拿大乔治·布朗学院讲学。

李朝亮先生酷爱中国传统文化，与诸多老一辈四川烹饪大师是忘年交，通过与他们的交往，他了解近百年来四川烹饪界的许多典故，洞悉川菜的历史，对川菜烹饪理论有十分高深的造诣，更对川菜未来走向有极其独到的见解。博览群书，研读过大量烹饪古籍，广博的学识和高屋建瓴的远见，以及传播川菜文化的使命感，使其成为烹饪行业川菜派系的行业主导者之一。身为国家（中式烹饪）高级考评员，李朝亮先生熟练掌握很多川菜烹饪技法，勤于总结数十年专业川菜制作经验，重视传统烹饪技术传承，尤其重视对年轻厨师的培训。早在1986年，他就以成都文君酒家作为会场，组织四川省厨坛众多精英，亲自主持召开了"成都川菜饮食技术汇报表演大会"。在这次大会上，老一代川菜大师和中青年后起之秀同台竞技，各种烹饪技术争相展示，挖掘了大量绝技，堪称1949年以来川菜烹饪技艺集中展示之最。1991年7月，他组织专业人员制作《川菜等级厨师考核》教学片，被国家劳动部指定为烹饪专业规范教材和厨师等级考核标准。诸如此类的活动，培养了众多川菜烹饪接班人。

传统手工除了严格按照程序照做外，很多时候还需要悟性，只有用心才能细做。本书在编撰过程中坚持从读者角度出发，注意满足读者的需要，力争让不同阶层的读者都有所悟、有所得，内容通俗易懂，菜品制法简单明了，即便在家中烹饪，也可"依葫芦画瓢"做菜，使菜品色、香、味、形保持原样。如果读者是专业厨师或者学子，则更是提高厨艺，烹饪技术精进的学习教材。总之，本书和《细说川菜》是两朵川菜烹饪书籍中的奇葩，都是上可登阳春白雪高雅之堂，下可入下里巴人通俗之围。

天下事，从无完美之说，诚望大家在阅读应用本书之后，指出书中的不足，把有益意见和建议告诉我们。

目 录

冷 菜

拌 /3

    1. 花仁拌兔丁（麻辣味型）   /3

    2. 拌萝卜丝（麻辣味型）   /4

    3. 椿芽拌肉丝（红油味型）   /5

    4. 椒麻鸡（椒麻味型）   /6

    5. 怪味鸡块（怪味味型）   /7

    6. 姜汁肚片（姜汁味型）   /8

    7. 椒麻舌片（椒麻味型）   /9

    8. 糖醋蜇丝（糖醋味型）   /10

    9. 红油鸡块（红油味型）   /11

    10. 红油三丝（红油味型）   /12

    11. 糖醋蜇卷（糖醋味型）   /13

    12. 麻酱凤尾（酱香味型）   /14

    13. 姜汁豇豆（姜汁味型）   /15

    14. 蒜泥白肉（蒜泥味型）   /16

    15. 麻辣鸡片（麻辣味型）   /17

    16. 红油肚片（红油味型）   /18

    17. 椒麻肚头（椒麻味型）   /19

卤 /20

　　18. 卤猪肉（五香味型）　　　　　　/20

　　19. 卤牛肉（椒盐味型）　　　　　　/21

熏 /22

　　20. 五香熏鱼（五香味型）　　　　　/22

　　21. 烟熏排骨（烟香味型）　　　　　/23

　　22. 樟茶鸭子（烟香味型）　　　　　/24

　　23. 烟熏鸭子（烟香味型）　　　　　/26

　　24. 茶熏鸡（烟香味型）　　　　　　/27

炸收 /28

　　25. 陈皮肉丁（陈皮味型）　　　　　/28

　　26. 花椒鸡丁（香麻味型）　　　　　/29

　　27. 五香豆筋（五香味型）　　　　　/30

　　28. 麻辣牛肉干（麻辣味型）　　　　/31

　　29. 芝麻肉丝（咸甜味型）　　　　　/32

　　30. 葱酥鲫鱼（咸鲜味型）　　　　　/33

　　31. 陈皮牛肉（陈皮味型）　　　　　/34

炸 /35

　　32. 油酥花仁（香酥味型）　　　　　/35

　　33. 油烫鸭子（咸鲜味型）　　　　　/36

　　34. 糖醋排骨（糖醋味型）　　　　　/37

　　35. 炸桃腰（咸鲜味型）　　　　　　/38

　　36. 蛋酥花仁（咸鲜味型）　　　　　/39

　　37. 炸酱桃仁（咸甜味型）　　　　　/40

　　38. 胡萝卜松（甜香味型）　　　　　/41

细做川菜

39. 蛋松（咸鲜味型）　　　　/42

40. 五香脆皮鸡（五香味型）　/43

冻　/44

41. 龙眼果冻（甜香味型）　　/44

42. 什锦果冻（甜香味型）　　/45

43. 桂花冻（咸鲜味型）　　　/46

44. 橙子冻（甜香味型）　　　/47

45. 花仁肘子冻（咸鲜味型）　/48

46. 皮冻（咸鲜味型）　　　　/49

腌　/50

47. 腌肉（腊香味型）　　　　/50

48. 腌牛肉（腊香味型）　　　/51

腊　/52

49. 腊肉（腊香味型）　　　　/52

50. 蝴蝶猪头（腊香味型）　　/53

51. 香肠（腊香味型）　　　　/54

风　/55

52. 元宝风鸡（腊香味型）　　/55

53. 白市驿板鸭（腊香味型）　/56

54. 风兔（腊香味型）　　　　/57

酱　/58

55. 酱肉（酱香味型）　　　　/58

素菜　/59

56. 珊瑚雪莲（糖醋味型）　　/59

57. 灯影苕片（麻辣味型）　　/60

58. 罗江豆鸡（咸鲜味型） /61

其他 /62

59. 羊糕（咸鲜味型） /62

热　菜

炒 /65

1. 回锅肉（家常味型） /65
2. 雪花鸡淖（咸鲜味型） /66
3. 鸡淖鱼翅（咸鲜味型） /67
4. 白油猪肝（咸鲜味型） /68
5. 鱼香肉丝（鱼香味型） /69
6. 宫保鸡丁（荔枝味型） /70
7. 宫保腰块（荔枝味型） /71
8. 核桃泥（甜香味型） /72
9. 醋溜鸡（咸酸味型） /73
10. 小煎鸡（家常味型） /74
11. 青椒肉丝（咸鲜味型） /75
12. 辣子鸡丁（家常味型） /76
13. 辣子肉丁（家常味型） /77
14. 酱肉丝（酱香味型） /78
15. 韭黄肉丝（咸鲜味型） /79
16. 生爆盐煎肉（家常味型） /80
17. 炒杂拌（咸鲜味型） /81
18. 八宝锅蒸（甜香味型） /82
19. 白油肉片（咸鲜味型） /83

20. 宫保肉花（荔枝味型）　　　　/84

21. 肉松（咸鲜味型）　　　　/85

蒸　　/86

22. 香糟火腿（香糟味型）　　　　/86

23. 香糟鸡块（香糟味型）　　　　/87

24. 咸烧白（咸鲜味型）　　　　/88

25. 糟蛋鸭块（香糟味型）　　　　/90

26. 白汁鸡糕（咸鲜味型）　　　　/91

27. 粉蒸肉（家常味型）　　　　/92

28. 清蒸肥头（姜汁味型）　　　　/93

29. 蜜汁桃脯（甜香味型）　　　　/94

30. 富贵鸭子（咸鲜味型）　　　　/95

31. 酿梨（甜香味型）　　　　/96

32. 冰糖银耳（甜香味型）　　　　/97

33. 酿甜椒（咸鲜味型）　　　　/98

叉烧　　/100

34. 叉烧肉（咸鲜味型）　　　　/100

35. 叉烧火腿（咸鲜味型）　　　　/101

36. 叉烧鸡（咸鲜味型）　　　　/102

37. 叉烧鱼（咸鲜味型）　　　　/104

烧　　/106

38. 姜汁热味鸡（姜汁味型）　　　　/106

39. 豆瓣鲜鱼（鱼香味型）　　　　/107

40. 红烧狮子头（咸鲜味型）　　　　/108

41. 家常海参（家常味型）　　　　/109

42. 红烧圆子（咸鲜味型）　　　　　/110

43. 红烧肉（咸鲜味型）　　　　　　/112

44. 生烧肘子（咸鲜味型）　　　　　/113

45. 红烧三鲜（咸鲜味型）　　　　　/114

46. 红烧墨鱼（咸鲜味型）　　　　　/115

47. 家常鱿鱼（家常味型）　　　　　/116

48. 红烧鱿鱼（咸鲜味型）　　　　　/117

49. 烧太白鸡（咸鲜味型）　　　　　/118

50. 干贝玉兔（咸鲜味型）　　　　　/119

51. 海味什锦（咸鲜味型）　　　　　/120

52. 金串珠（家常味型）　　　　　　/122

53. 红烧牛肉（家常味型）　　　　　/123

54. 豆渣猪头（咸鲜味型）　　　　　/124

55. 红烧大转弯（咸鲜味型）　　　　/126

56. 麻婆豆腐（麻辣味型）　　　　　/127

57. 干烧臊子鲫鱼（咸鲜味型）　　　/128

58. 酱烧冬笋（酱香味型）　　　　　/129

59. 犀浦鲢鱼（家常味型）　　　　　/130

烩　　　/131

60. 酸辣蹄筋（酸辣味型）　　　　　/131

61. 三鲜鱿鱼（咸鲜味型）　　　　　/132

62. 三鲜海参（咸鲜味型）　　　　　/133

63. 鱿鱼烩肉丝（咸鲜味型）　　　　/134

64. 烩千张（家常味型）　　　　　　/136

细做川菜

炸 /137

65. 五香脆皮鸡（五香味型） /137

66. 椒盐里脊（椒盐味型） /138

67. 香酥鸭子（五香味型） /139

68. 脆皮鲜鱼（糖醋味型） /140

69. 锅巴肉片（荔枝味型） /142

70. 软炸扳指（糖醋味型） /144

71. 鱼香茄饼（鱼香味型） /146

72. 锅烧全鸭（咸鲜味型） /148

73. 鱼香蛋饺（鱼香味型） /149

74. 鹅黄肉（鱼香味型） /150

75. 糖醋里脊（糖醋味型） /151

煮 /152

76. 水煮牛肉（麻辣味型） /152

77. 水煮肉片（麻辣味型） /153

78. 金钩菜心（咸鲜味型） /154

79. 酸辣海参汤（酸辣味型） /155

80. 圆子汤（咸鲜味型） /156

81. 清汤鸡圆（咸鲜味型） /157

熘 /158

82. 熘肉片（咸鲜味型） /158

83. 熘鸡丝（咸鲜味型） /159

84. 熘鱼片（咸鲜味型） /160

爆 /161

85. 火爆肚头（咸鲜味型） /161

86. 火爆双脆（咸鲜味型）　　　/162

87. 火爆胗肝（咸鲜味型）　　　/163

88. 姜爆鸭丝（咸鲜味型）　　　/164

煸　/165

89. 干煸牛肉丝（麻辣味型）　　/165

90. 干煸冬笋（咸鲜味型）　　　/166

91. 干煸鱿鱼肉丝（咸鲜味型）　/167

92. 干煸肉丝（咸鲜味型）　　　/168

炝　/169

93. 炝黄瓜（香辣味型）　　　　/169

94. 炝莲白卷（香辣味型）　　　/170

焖　/171

95. 黄焖鸡（咸鲜味型）　　　　/171

蒙　/172

96. 鸡蒙葵菜（咸鲜味型）　　　/172

贴　/174

97. 锅贴鱼片（咸鲜味型）　　　/174

98. 锅贴豆腐（咸鲜味型）　　　/176

99. 锅贴鸡片（咸鲜味型）　　　/178

炖　/180

100. 清炖牛肉汤（咸鲜味型）　　/180

101. 清炖牛尾汤（咸鲜味型）　　/181

102. 清炖全鸡（咸鲜味型）　　　/182

氽　/183

103. 氽肉片汤（咸鲜味型）　　　/183

104. 三色鱼圆（咸鲜味型）　　　/184

105. 汆肝片汤（咸鲜味型）　　　/186

106. 肉丝汤（咸鲜味型）　　　/187

煨　/188

107. 东坡肉（咸鲜味型）　　　/188

108. 酥肉汤（咸鲜味型）　　　/189

109. 香干鲫鱼（家常味型）　　　/190

110. 红枣肘子（咸甜味型）　　　/191

111. 茗菜狮子头（咸鲜味型）　　　/192

112. 香糟肉（香糟味型）　　　/193

113. 生烧豆瓣肘子（家常味型）/194

卷　/195

114. 清汤萝卜卷（咸鲜味型）　　　/195

115. 网油腰卷（咸鲜味型）　　　/196

摊　/198

116. 芙蓉鸡片（咸鲜味型）　　　/198

冲　/199

117. 鸡豆花（咸鲜味型）　　　/199

118. 肉豆花（咸鲜味型）　　　/200

119. 芙蓉兔片（咸鲜味型）　　　/201

烘　/202

120. 泸州烘蛋（咸鲜味型）　　　/202

煎　/203

121. 家常豆腐（家常味型）　　　/203

122. 合川肉片（荔枝味型）　　　/204

烙　/205

123. 梅花鲜腿（咸鲜味型）　/205

烤　/206

124. 挂炉烤鸭（咸鲜味型）　/206

125. 烤酥方（咸鲜味型）　/208

烫　/210

126. 生片火锅（咸鲜味型）　/210

粘　/212

127. 玫瑰锅炸（甜香味型）　/212

128. 糖粘羊尾（甜香味型）　/213

129. 网油枣泥卷（甜香味型）　/214

汤　/215

130. 特制清汤　/215

131. 特制奶汤　/216

细做川菜

冷菜

LENG CAI

1. 花仁拌兔丁（麻辣味型）

【烹法】煮、拌

【主料】净兔肉 150 克

【辅料】盐焗花生米 75 克

【调料】葱白 25 克　酱油 10 毫升　　　花椒面 10 克

　　　　红辣椒油 25 毫升　豆豉 10 克　　白糖 5 克

　　　　蒜泥水 10 毫升　川盐 5 克　　味精 5 克

【制作】

1. 将兔肉煮熟，捞出晾冷，切成小指头大的丁，用川盐码入味。

2. 葱白切成弹子葱，豆豉宰茸。

3. 将熟兔丁装盆内，依次加入蒜泥水、酱油、味精、花椒面、白糖、弹子葱、盐焗花生米拌匀，再淋红辣椒油、豆豉茸拌和均匀，装盘即成。

【风味特点】

突出麻辣，香嫩化渣。

【注意事项】

1. 选用兔腿肉和兔背柳肉，煮熟透。

2. 不用红酱油，可加白糖 5 克。

3. 盐焗花生米要去衣，并保证酥脆化渣。

【学习要求】

突出麻辣味，成菜味香，肉质细嫩。

【讨论复习题】

1. 怎样正确使用调味品？

2. 如何做到肉质细嫩，入口化渣？

3. 酱油在麻辣味中起什么作用？与其他调料有何关系？

冷

菜

2. 拌萝卜丝（麻辣味型）

【烹法】拌

【主料】半头红白萝卜（又称为胭脂萝卜）250 克

【调料】川盐 3 克　　酱油 10 克　　红辣椒油 25 克　　葱花 10 克

芫荽 10 克　　花椒面 10 克　　芝麻油 10 克　　蒜泥水 10 克

炒芝麻 5 克　　味精 3 克

【制作】

1. 将半头红白萝卜去两头，切成二粗丝。芫荽择洗干净，切成节。

2. 用川盐码萝卜丝后，沥去水分，依次加入酱油、红辣椒油、花椒面、芝麻油、味精、蒜泥水，拌和均匀。

3. 装盘后撒上炒芝麻、葱花和芫荽即成。

【风味特点】

突出麻辣，香鲜脆嫩。

【注意事项】

1. 选饱满不畸形的半头红白萝卜，洗干净。

2. 萝卜丝码盐后，要沥干水分，然后再加入调料拌和均匀。

3. 若主料改用莴笋，则为拌莴笋丝。

【学习要求】

此菜要求香味浓郁，入口脆嫩。

【讨论复习题】

怎样做到萝卜丝香、脆、嫩？

3. 椿芽拌肉丝（红油味型）

【烹法】煮、拌

【主料】猪腿肉 200 克

【辅料】香椿芽 50 克

【调料】红辣椒油 20 克　　芝麻油 10 克　　红酱油 10 克

　　　　酱油 10 克　　　　川盐 3 克　　　味精 3 克

【制作】

1. 将选好的猪腿肉洗净煮熟后，捞出，切成长 6 厘米，粗细均匀的二粗丝，装盘备用。

2. 香椿芽去柄，用开水烫泡 5 分钟，取出切成两段。

3. 将红辣椒油、红酱油、酱油、芝麻油、味精、川盐对成味汁。

4. 将香椿芽撒在猪肉丝上面，淋上味汁即成。

【风味特点】

味汁香浓，爽口化渣。

【注意事项】

1. 选用肥瘦相连的猪腿肉。

2. 猪腿肉煮至断血水后，捞起再入锅用原汤浸泡，以免猪腿肉皮干口感不好。

【学习要求】

此菜要求色泽美观，形状大方。

【讨论复习题】

为什么要开水烫泡椿芽？

冷

菜

4. 椒麻鸡（椒麻味型）

【烹法】煮、拌

【主料】公鸡 1 只

【调料】川盐 3 克　　酱油 50 克　　味精 3 克　　芝麻油 25 克

　　　　　葱 50 克　　花椒 5 克　　清汤 25 克

【制作】

1. 将公鸡宰杀洗净后煮熟。

2. 将川盐、花椒、葱叶置菜墩上，加几滴芝麻油一起剁茸，盛于碗内，用烫油浇淋后加酱油、味精、芝麻油、清汤对成椒麻味汁。

3. 将熟鸡肉斩成 4 厘米长、1 厘米宽的鸡块，码放于盘中，淋上椒麻味汁即成。

【风味特点】

肉质细嫩，葱椒味浓，四季皆宜。

【注意事项】

1. 选生长期一年左右的公鸡为宜。

2. 鸡块要斩得大小长短均匀。

3. 要用优质花椒。

4. 本菜主料亦可使用鸡腿肉。

【学习要求】

鸡肉条块大小一致，成菜质嫩味浓。

【讨论复习题】

1. 没有公鸡，还可以用什么代替？

2. 说明对椒麻味汁的先后次序。

5. 怪味鸡块（怪味味型）

【烹法】煮、拌

【主料】鸡肉 300 克

【调料】葱白 30 克　　　酱油 20 克　　　白糖 10 克　　　醋 15 克

　　　　红辣椒油 30 克　熟芝麻 10 克　　花椒面 3 克　　芝麻油 15 克

　　　　芝麻酱 15 克　　川盐 2 克　　　 味精 3 克

【制作】

1. 葱白洗净，切成节，摆放在盘中垫底。

2. 鸡肉煮熟，捞出晾凉。

3. 熟鸡肉去骨，斩成 5 厘米长、3 厘米宽的斜方块，摆在葱节上面。

4. 将川盐、芝麻酱、酱油、芝麻油、白糖、醋、红辣椒油、花椒面、味精等调和均匀，淋在鸡块上，再撒上熟芝麻即成。

【风味特点】

颜色红亮，质地细嫩，甜咸麻辣酸诸味浓郁。

【注意事项】

1. 选用生长期一年左右的公鸡或者阉鸡为宜。

2. 鸡肉要晾凉后再剔去骨，以免剔烂。

【学习要求】

鸡肉质地细嫩，色泽红亮，甜咸麻辣酸兼有。

【讨论复习题】

1. 此菜为什么要选用公鸡或阉鸡？

2. 怎样才能做到成菜入口肉质细嫩？

冷

菜

6. 姜汁肚片（姜汁味型）

【烹法】煮、拌

【主料】猪肚 200 克

【辅料】葱 15 克

【调料】生姜 10 克　　　酱油 15 克　　　味精 3 克

　　　　芝麻油 5 克　　　醋 20 克　　　　川盐 3 克

【制作】

1. 葱洗净，切马耳葱，摆放盘内垫底。

2. 猪肚煮熟，用刀片成 4 厘米长、2 厘米宽的薄猪肚片，整齐摆放在盘内的马耳葱上，呈三叠水形状。

3. 生姜洗净，用刀拍破，再用刀背捶茸，装小碗里，掺少许煮猪肚的汤对匀，再倒在干净纱布袋里，挤出姜汁待用。

4. 将川盐、姜汁、酱油、味精、芝麻油、醋倒入碗内，调成姜汁味汁，淋在肚片上即可。

【风味特点】

姜味浓郁、咸酸爽口。

【注意事项】

1. 猪肚应选用颜色白净，靠近肚头的部分。

2. 猪肚一定要炽，没有经验者可用手指触摸测试成熟度。

3. 成菜应在临上桌时才淋味汁，不要淋得过早。

【学习要求】

1. 猪肚洁白，肚片刀口整齐，厚薄均匀。

2. 成菜有浓烈的姜醋香味。

【讨论复习题】

1. 姜汁味还能作哪些菜肴？

2. 姜汁味汁要等到临上席时才淋在肚片上的理由是什么？

3. 肚片还可以摆成什么形状？

7. 椒麻舌片（椒麻味型）

【烹法】煮、拌

【主料】猪舌1条（重约500克，净用熟料150克）

【辅料】莴笋100克

【调料】花椒40粒　　　葱50克　　　　盐2克　　　　酱油10克
　　　　菜籽油5克　　　芝麻油5克　　　清汤15克　　　味精2克

【制作】

1. 猪舌在开水内紧皮2分钟，换冷水浸泡的同时用刀刮去粗皮。洗净再放入汤锅，煮熟后捞入冷汤内浸漂，待冷透捞起去骨，用刀将舌根部分修改整齐，先切成两节，再顺切成长5厘米、厚约2毫米的薄片。

2. 莴笋削去皮，洗净，切成菱形薄片，码少许盐，然后再用清水稍微冲洗一下，捞起沥干水分，待用。

3. 葱叶洗净，用刀切碎，加花椒混合一起剁成茸状，浇淋七成热的菜籽油后加入川盐调匀成葱椒茸，待用。

4. 取七寸圆盘一个，用莴笋片垫底，再将切好的舌片依次放上摆成风车形状。

5. 将剁好的葱椒茸、酱油、芝麻油、味精、清汤对成椒麻味汁，淋在舌片上即成。

【风味特点】

质地细嫩，麻香味浓。

【注意事项】

1. 猪舌要选形状完整、颜色白净，没有呛血的。

2. 猪舌不要紧太久。

3. 花椒要选用汉源清溪镇所产的清溪花椒。

4. 此菜一般不放红辣椒油，如客人需要搭红时才添加。

【学习要求】

熟练掌握剁椒麻的技巧，正确掌握调料浓度，应突出咸、鲜、麻、清香味。

【讨论复习题】

1. 猪舌为什么不要紧得太久？还有哪些原料与此相同？请举例。

2. 在剁花椒时用什么方法才能避免迸溅？

3. 与此菜做法相同的还有哪些菜肴？

冷

菜

8. 糖醋蜇丝（糖醋味型）

【烹法】拌

【主料】蜇皮 150 克

【辅料】莴笋 100 克

【调料】白糖 20 克　醋 15 克　川盐 10 克　芝麻油 5 克

【制作】

1. 先用清水洗净蜇皮中夹杂的盐沙，撕去血筋，泡 2~3 小时后用沸水氽一下，捞出切成丝，再用清水淘洗一次待用。

2. 莴笋削皮洗净，切成丝，用川盐码匀约 10 分钟，再用清水淘洗、浸漂数分钟，待用。

3. 取用七寸圆盘一个，先将莴笋丝放入垫底，再将切好的蜇丝放在上面。

4. 将白糖、醋、川盐、芝麻油放入碗内对成糖醋味汁，淋在蜇丝上即成。

【风味特点】

甜酸香脆，是夏季佐酒的清淡菜。

【注意事项】

1. 蜇皮要选体薄、大张、色白、血筋少的。

2. 注意要将蜇皮中的泥沙洗净，撕不下来的血筋要刮净。

3. 莴笋码盐后一定要用清水洗漂。

4. 若使用颗粒粗的白糖，要在上桌前 10 分钟对好糖醋味汁，走菜时必须调均后才能淋入。

【学习要求】

1. 蜇丝和莴笋丝要切均匀。

2. 正确掌握调制糖醋味汁的方法。

3. 没有莴笋时可以换用黄瓜，但都要切成丝。

【讨论复习题】

1. 拌蜇丝和蜇卷都是糖醋味，在配料和刀法上有哪些不同？

2. 本菜在形式上使用什么菜碟？为什么？

3. 除了莴笋、黄瓜外，还可以用哪些蔬菜作本菜的垫底？ t

9. 红油鸡块（红油味型）

【烹法】拌

【主料】熟鸡肉 250 克

【调料】葱 50 克　　　红酱油 5 克　　　酱油 20 克　　　白糖 3 克

　　　　味精 3 克　　　红辣椒油 50 克　　川盐 1 克　　　鸡汤 5 克

【制作】

1. 葱洗净，切成马耳朵形，铺放在盘内垫底。

2. 熟鸡肉斩成 4 厘米长、1 厘米宽的条块，在盘内摆成三叠水形状。

3. 红酱油、酱油、白糖、味精、红辣椒油、鸡汤、川盐依次装入小碗调匀，淋在鸡块上即成。

【风味特点】

色泽红亮，鸡肉鲜嫩，香辣醇厚。

【注意事项】

1. 用煮熟的鸡腿或鸡脯肉。

2. 装盘时亦可摆成和尚头。

【学习要求】

斩条均匀，成形美观，味鲜醇厚。

【讨论复习题】

1. 描述煮凉拌鸡的步骤。

2. 凉拌鸡还适合哪些复合味？

冷

菜

10. 红油三丝（红油味型）

【烹法】拌

【主料】熟鸡肉 100 克　熟猪肚 100 克　　莴笋 100 克

【调料】川盐 2 克　酱油 20 克　　红辣椒油 50 克　　味精 3 克
　　　　　白糖 3 克

【制作】

1.熟鸡肉、熟猪肚、莴笋分别切成二粗丝。

2.莴笋丝用川盐浸渍一下，沥干水分。

3.川盐、味精、白糖、酱油、红辣椒油装入碗内调匀，待用。

4.将莴笋丝、肚丝、鸡丝依次装入盘内，将调好的红油味汁淋在三丝上即成。

【风味特点】

色泽红亮，质地细嫩，咸鲜辣香。

【注意事项】

1.选用鸡脯肉或鸡腿肉；猪肚选用肚头部分。

2.三丝取材多样，可根据需要选用茭白、冬笋等。

3.莴笋选用中段，莴笋丝沥干水分后，不要用手挤压。

【学习要求】

三丝粗细均匀，装盘成形美观，味道鲜美可口。

【讨论复习题】

1.怎样将鸡丝、肚丝切成整齐美观的形状？

2.在三丝的用料上，还可选用哪些材料？

11. 糖醋蜇卷（糖醋味型）

【烹法】拌

【主料】蜇皮 150 克

【辅料】黄瓜 75 克　　红皮萝卜 75 克　　莴笋 75 克

【调料】白糖 30 克　　川盐 5 克　　芝麻油 5 克　　醋 25 克

【制作】

1. 将蜇皮整理铺开，切成 4 厘米宽的条，再横切成 2 毫米粗的丝，此处只切断三分之二，留部分不切断，再改成 3 厘米宽的片，逐一切完，共 12 片。

2. 将 4~5 片重叠在一起，手持没有切丝的一端，将切成的丝放入 80℃ 的热水中烫一下，待蜇丝遇高温卷缩后，置清水中漂冷。

3. 黄瓜、红皮萝卜、莴笋切成雀翅形，先用清水淘洗，再用 4 克川盐稍微浸渍一下，用手指轻搓成麻雀翅状。

4. 川盐、醋、白糖在碗内充分调匀，加入芝麻油对成糖醋味汁。

5. 先将三分之二切好的雀翅黄瓜、萝卜、莴笋放在盘内垫底，蜇皮卷分层重叠摆好，再用剩余三分之一的雀翅黄瓜、萝卜、莴笋岔色镶在周围，淋上糖醋味汁即可。

【风味特点】

色泽美观，整齐均匀，糖醋味鲜，嫩脆爽口，是佐酒的佳肴。

【注意事项】

1. 选外形完整、无血筋的蜇皮。

2. 黄瓜、萝卜、莴笋要求色鲜质嫩。

3. 装盘时可将黄瓜、萝卜、莴笋等分别按颜色间隔摆放，也可一层蜇卷，一层黄瓜、萝卜叠摆，顶上均用蜇卷封口，总之以美观为佳。

4. 此菜亦名"佛手蜇卷"。

【学习要求】

刀工均匀，装盘美观，糖醋味浓。

【讨论复习题】

1. 为什么蜇卷只能用 80℃ 左右的热水烫卷？

2. 黄瓜、萝卜、莴笋还可以切什么样的形状？

冷

菜

12. 麻酱凤尾（酱香味型）

【烹法】拌

【主料】白皮莴笋尖 4 根（重约 250 克）

【调料】酱油 10 克　　　芝麻酱 15 克　　　芝麻油 5 克

　　　　味精 2 克　　　　食用苏打粉 1 克

【制作】

1. 将白皮莴笋尖削去粗皮和筋，修理成长约 12 厘米长的段，然后剖为四份，成芽瓣形。

2. 取 2 500 克清水烧沸，放入 1 克食用苏打粉，再将处理好的莴笋尖放入汆熟，捞起放在干净案板上晾冷，或用电扇吹冷。

3. 待晾冷后，将莴笋尖整齐排列码放好，用刀将两头修理整齐，装盘摆成一封书形状。

4. 用芝麻酱、酱油、芝麻油、味精对成味汁，淋上即成。

【风味特点】

咸香鲜美，入口嫩脆。

【注意事项】

1. 白皮莴笋又名白甲莴笋，应挑选干净整齐的主料。

2. 莴笋尖必须去掉皮和筋。

3. 汆莴笋尖需用沸腾的开水，汆熟立即捞起。

【学习要求】

汆莴笋尖时，要用旺火，开水要沸腾。

【讨论复习题】

1. 汆莴笋尖的开水里为什么要放食用苏打？

2. 如何做到使莴笋尖保持口感鲜脆、色泽美观？

3. 白酱油在味汁中的地位和作用？

13. 姜汁豇豆（姜汁味型）

【烹法】拌

【主料】豇豆 250 克

【调料】老姜 25 克　　川盐 5 克　　芝麻油 5 克
　　　　清汤 50 克　　醋 10 克　　味精 3 克

【制作】

1. 豇豆去筋，淘洗干净，放入沸水中汆至五成熟，捞起放在笊篱内，先在豇豆上撒 3 克川盐，簸匀入味。

2. 豇豆切成 5 厘米长的节，装入盘内码放整齐。

3. 老姜洗净，切成极细姜米。

4. 清汤、川盐 2 克、姜米、醋、味精、芝麻油对成味汁，淋在装盘的豇豆上即成。

【风味特点】

颜色翠绿，入口嫩脆，姜醋味爽。

【注意事项】

1. 选用新鲜嫩条子豇豆。

2. 豇豆汆至刚断生即可。

3. 豇豆要切得长短均匀一致，装盘后整齐美观。

【学习要求】

汆豇豆时，要求用旺火，锅内的水要沸，成菜应颜色翠绿，入口嫩脆。

【讨论复习题】

1. 怎样才能做到豇豆颜色翠绿，成菜入味，外形整齐美观？

2. 豇豆汆熟捞起时，为什么要淋芝麻油？请说明原因。

3. 醋在姜汁味中处于何种地位，起什么作用？

冷

菜

14. 蒜泥白肉（蒜泥味型）

【烹法】煮、拌

【主料】连皮猪后腿肉 250 克

【调料】红辣椒油 50 克　　酱油 25 克　　蒜泥水 25 克

　　　　红酱油 25 克　　老姜 10 克　　葱 2 根

【制作】

1. 老姜洗净，拍破；葱洗净，绾成结。

2. 将猪腿肉镊净残毛，刮净，清洗 2~3 次，放入汤锅加老姜、葱结，一起煮至紧皮，捞起切成 12~15 厘米长、二指半厚的肉块，放冷水中浸泡。

3. 撇去煮肉锅里的血水，将汤烧开，再将猪肉块连水一起倒入汤锅，煮至九成熟时捞入盆中，用汤锅中的汤汁泡大约 10 分钟。

4. 将猪肉块趁热片成薄肉片，即成白肉，装入盘内摆放整齐。

5. 先用红酱油、酱油制成的复合酱油淋在白肉上，再淋上红辣椒油，浇上蒜泥水即成。

【风味特点】

辣香鲜美，蒜味浓厚，香糯化渣，肥而不腻。

【注意事项】

1. 要选用猪后腿肉，即二刀肉。

2. 片切白肉时，手要稳快，肉片不能穿花，也不能片成梯坎形。

3. 煮肉时注意火候，不要煮得过㞎。

4. 猪肉块在片成白肉前要用原汤浸泡。

【学习要求】

红油味浓，香辣味美。

【讨论复习题】

1. 用原汤浸泡熟肉猪块的理由是什么？

2. 怎样做才能使蒜泥白肉有爽口化渣、肥而不腻、瘦而不柴的特点？

3. 酱油、红酱油在蒜泥味中起什么作用，能否不用红酱油，为什么？

15. 麻辣鸡片（麻辣味型）

【烹法】拌

【主料】熟鸡肉 250 克

【辅料】嫩黄瓜 50 克　葱白 30 克

【调料】酱油 10 克　　　红辣椒油 25 克　　　花椒面 10 克

　　　　味精 3 克　　　　芝麻油 10 克　　　　川盐 2 克

【制作】

1. 鸡肉都要剔去骨，然后片成 3 厘米长、2.5 厘米宽的薄片。

2. 葱白洗干净，切成节。

3. 嫩黄瓜切成 6 厘米长的片。

4. 将酱油、红辣椒油、花椒面、味精、川盐、芝麻油对成麻辣味汁，用两个小碗分装。

5. 葱节和黄瓜片铺在盘底，再将鸡片以盘中间为圆心叠摆成宝塔形。

6. 两小碗味汁随鸡片上桌供蘸食。

【风味特点】

质嫩化渣，麻辣香浓。

【注意事项】

1. 如果没有葱节，可换用子姜片配黄瓜垫底。

2. 选用煮熟的鸡脯肉或鸡腿肉。

3. 鸡肉不要煮得过炽。

【学习要求】

要求鸡片厚薄均匀，大小一致，不穿花，无梯坎。

【讨论复习题】

如何控制花椒面和红辣椒油的用量，才能突出麻辣味的特点？

冷

菜

16. 红油肚片（红油味型）

【烹法】拌

【主料】熟猪肚头 250 克

【调料】红酱油 40 克　　　红辣椒油 40 克　　　葱 25 克
　　　　子姜 25 克　　　　芝麻油 10 克　　　　味精 2 克
　　　　川盐 2 克

【制作】

1. 子姜洗干净，片成 5 厘米长的薄片。

2. 葱洗净，切成 3 厘米长的马耳朵形。

3. 将熟猪肚头片成 5 厘米长、3.5 厘米宽的薄片。

4. 马耳葱、子姜片装盘，猪肚片盖在上面。

5. 用红酱油、红辣椒油、味精、川盐、芝麻油对成红油味汁，分装入两小碗内，随装好盘的猪肚片上桌，供蘸食。

【风味特点】

咸鲜香辣回甜，爽口嫩脆化渣。

【注意事项】

1. 选用熟猪肚头。

2. 要掌握好火候，猪肚头煮至八成熟为宜。

【学习要求】

片猪肚片时要保持大小厚薄均匀。肚片入口应软糯化渣。

【讨论复习题】

1. 如何做到肚片软糯化渣？

2. 猪肚片越薄越好，好在哪些方面？

17. 椒麻肚头（椒麻味型）

【烹法】氽、拌

【主料】生猪肚头 300 克

【调料】葱 50 克　　　花椒 10 克　　川盐 3 克　　酱油 25 克

　　　　芝麻油 10 克　　味精 3 克　　清汤 40 克　　菜籽油 5 克

【制作】

1. 葱洗干净，葱白切成马耳朵形，放入盘中。

2. 将猪肚头清洗干净，用刀刮去油筋，剞切成 3 厘米长、2.4 厘米宽的菊花形，共 12 个。

3. 将肚头菊花放入沸水中氽至散花，当用手捏感觉软中带硬时，捞入冷开水中浸透。

4. 将定型的菊花肚头捞起沥干水，摆放在马耳葱上面。

5. 花椒、葱叶、川盐混合在一起剁茸，用七成热的菜籽油浇淋后加清汤、酱油、芝麻油、味精制成椒麻味汁。

6. 将椒麻味汁装入小碗内，随菊花肚头上桌，供蘸食。

【风味特点】

香麻爽口，脆嫩化渣。

【注意事项】

1. 选用新鲜的猪肚头。

2. 注意刀法准确，深浅一致，花瓣均匀。

3. 氽菊花肚头要用旺火烧开的沸水。

【学习要求】

肚头菊花形状要美观整齐。

【讨论复习题】

怎样才能做到肚头菊花入口脆嫩？

冷

菜

细
做
川
菜

18. 卤猪肉（五香味型）

【烹法】卤

【主料】猪肉 10 千克

【调料】三奈 50 克　　　八角 50 克　　　小茴香 50 克　　　桂皮 50 克
　　　　白豆蔻 50 克　　川盐 100 克　　白糖 250 克　　　姜 200 克
　　　　葱 50 克　　　　花椒 50 克　　　料酒 10 千克　　　清汤 10 千克
　　　　化猪油 100 克

【制作】

1. 姜洗净，拍破；葱洗净，绾成结。

2. 猪肉用川盐、料酒浸渍后入沸水氽去血水，捞出备用。

3. 将三奈、八角、小茴香、桂皮、白豆蔻装入干净的纱布袋，扎紧袋口，做成香料包。

4. 将化猪油下锅熬化，放入白糖炒制糖汁，掺清汤 500~1 000 克冲开，再放入姜、葱结、花椒、料酒稍熬，再掺清汤，下香料包、川盐，将除去血水的猪肉放入卤水中，盖上锅盖，先用旺火烧开，反复撇去血沫，煮约半小时改用中火煮约 1 小时，观察卤菜成色，至熟透耙软时起锅，晾凉后切片装盘即成。

【风味特点】

色泽红亮，清香味美。

【注意事项】

1. 新起卤水要准确掌握色、香、味，优质的卤水略带金黄色，香味要浓。

2. 猪肉、猪心、猪舌、猪内脏、鸡、鸭等应先处理后氽水，除去血水后才放入卤水中卤制。

【学习要求】

1. 卤水要求色泽红亮，微带金黄。

2. 成品卤肉要求色泽红亮，清香味美。

【讨论复习题】

1. 五香料由哪几种香料组成的？

2. 若卤水的色、香、味不够，采取什么措施补救？

19. 卤牛肉（椒盐味型）

【烹法】卤

【主料】黄牛肉 2 500 克

【辅料】卤汁 3 000 克

【调料】花椒面 3 克　芝麻油 10 克　川盐 2 克　味精 2 克　料酒 30 克

【制作】

1. 黄牛肉用川盐、料酒处理后入沸水汆一下，捞出晾干水分。

2. 将晾干的牛肉下入卤汁中卤熟，再晾凉。

3. 将卤牛肉切成 4 厘米长，3 厘米宽的薄片，装入盘中摆放整齐。

4. 盘中牛肉片刷芝麻油，随用川盐、花椒面、味精调制的椒盐味碟一同上桌。

【风味特点】

色泽红亮，味香化渣。

【注意事项】

卤牛肉片要切得规格一致。

【学习要求】

要求入口软酥味香、色泽红亮。

【讨论复习题】

1. 卤牛肉为什么要卤煮 2 个小时？

2. 怎样调制卤牛肉的卤水？

3. 怎样才能使卤牛肉色泽红亮？

冷

菜

细做川菜

20. 五香熏鱼（五香味型）

【烹法】炸、收

【主料】鲫鱼 5 条（重约 500 克）

【辅料】菜籽油 750 克（耗 150 克）

【调料】川盐 5 克　　料酒 25 克　　酱油 5 克　　芝麻油 10 克

　　　　五香粉 4 克　　大蒜 20 克　　白糖 5 克　　味精 3 克

　　　　生姜 20 克　　葱 40 克　　　鲜汤 250 克

【制作】

1. 大蒜去皮，切成蒜米；生姜洗净，切约 15 克姜米，剩余拍破待用；葱洗净，25 克切成葱花，剩余的切成 9 厘米长的段。

2. 将鲫鱼刮鳞、挖腮、剖腹、去内脏，洗净，揩干水分。在鱼身两面浅划 2~3 刀，刀深不超过 2 毫米。将加工好的鱼用 2 克川盐、10 克料酒、酱油、姜、葱段浸渍 1 小时后，捡去葱、姜不用。

3. 炒锅置旺火上，下菜籽油烧至七成热，下鱼炸至两面金黄色，捞起待用。

4. 锅内留油 75 克，放入姜米、蒜米炒香，下葱花 20 克，掺入鲜汤，加入余下的料酒、川盐、酱油、五香粉 3 克、白糖和炸制的鲫鱼，在微火上自然收汁，放入味精后，将鱼拈起摆入盘内。

5. 锅内味汁收浓后放入芝麻油、五香粉 2 克、葱花 5 克，起锅均匀淋在鱼身上面即成。

【风味特点】

色泽红亮、味浓鲜香、鱼肉细嫩。

【注意事项】

1. 选大小均匀、鲜活的鲫鱼。加工活鱼时，勿将鱼胆弄破并注意鱼不能炸焦。

2. 照此法亦可制作"五香鱼块"。

【学习要求】

颜色美观，鱼形完整，味道鲜美，香味适度。

【讨论复习题】

1. 鲜鱼在炸收时，还可佐以哪些复合味？什么制法？

2. 为什么五香粉要分两次加入？

21. 烟熏排骨（烟香味型）

【烹法】蒸、卤、炸、熏

【主料】猪签子排骨 1 000 克

【辅料】菜籽油 500 克　卤水 500 克　松柏枝 250 克

【调料】花椒 10 粒　　　姜 15 克　　　葱 40 克　　　　五香粉 3 克

　　　　川盐 10 克　　　料酒 15 克　　醪糟汁 25 克　　芝麻油 10 克

　　　　味精 3 克

【制作】

1. 将排骨边沿修斩整齐，以 3 根为一组，斩成数块。

2. 将排骨与料酒、醪糟汁、川盐、五香粉、味精、花椒放入小盆内，拌和均匀，放入葱、姜后上笼蒸至刚断生时，取出。

3. 蒸熟的排骨放入专用卤水锅中卤至熟软，捞出晾干水汽。

4. 将卤好的排骨用热油浸炸至金黄色，捞起沥干油。

5. 熏炉内点燃松柏枝后不用明火，将浸炸后的排骨熏制成暗红色取出。

6. 将烟熏排骨用刀斩成小块装盘，刷上芝麻油。

【风味特点】

色美烟香，肉质松软，细嫩化渣。

【注意事项】

1. 卤水用三奈、八角、肉桂、丁香、广香、小茴香，配川盐、料酒、老姜、糖色，加水熬制而成，每次用时需将蒸排骨的原汁加入卤水中。

2. 注意选用带有肥膘的猪肋骨，只取用签子排骨，以每根猪排骨上略带肥膘的为宜。

【学习要求】

卤制排骨时要掌握好火候，要求骨肉不能分离，入口细嫩化渣，以排骨熟软为准。

【讨论复习题】

1. 如何掌握火候？

2. 如何做到烟熏排骨色、香、味、形俱佳？

冷

菜

22. 樟茶鸭子（烟香味型）

【烹法】腌、熏、蒸、炸

【主料】嫩鸭 1 只（重约 2 000 克）

【辅料】菜籽油 500 克（耗 100 克）　　茶叶 25 克　　饴糖 5 克

松柏枝 250 克　　　锯木面 250 克　　　茶叶 250 克

樟树叶 250 克　　　杠炭适量

【调料】花椒 10 粒　　白糖 10 克　　川盐 30 克　　料酒 15 克

五香粉 3 克　　胡椒粉 5 克　　姜米 15 克　　芝麻油 15 克

【制作】

1. 将鸭子宰杀，放血褪毛，只保留鸭身，内脏、翅、脚另作他用。

2. 将川盐、白糖、胡椒粉、五香粉、料酒、花椒、姜米等拌合均匀，抹在鸭身内外。肉厚的胸脯及腿部应适当多抹，盛于缸钵内，热天腌约 6 小时，中途翻 1 次，冬天约腌 12 小时，也中途翻 1 次。

3. 将腌好的鸭子放入开水锅内微烫一下，出坯使鸭皮绷伸，捞出揩干水分，在鸭皮上抹上饴糖待用。

4. 将燃烧的杠炭置于烤炉炉膛内，当炉膛内变暖和后，撒上锯木面、松柏枝、茶叶和樟树叶，待最初燃烧的黑烟散尽，将处理好的鸭子挂进，关上炉门，熏至鸭身呈现均匀的浅黄色，并有一股樟茶香味时取出，上笼，蒸至八成熟。

5. 将蒸熟的鸭子放入六成热的油锅内炸至皮呈棕红色、味道酥香时捞起。

6. 将鸭置墩上，分部位砍成小条块，按鸭形摆于盘内或摆成三叠水形状，刷上芝麻油即成。

【风味特点 】

鸭皮酥香，鸭肉细软，烟香浓郁，鲜嫩化渣。

【注意事项 】

1.选用嫩肥鸭，鸭子宰杀后放尽血，镊净茸毛。

2.鸭子出坯后揩干水分，才易上色。

3.熏鸭子时要烟熏均匀，全身呈浅黄色。

4.鸭子不能蒸垮架。

【学习要求 】

1.要求掌握好操作过程。

2.成菜要色黄皮酥，砍摆手法熟练。

【讨论复习题 】

1.用茶叶、樟树叶等烟熏起什么作用？

2.如何将宰切的鸭块摆好鸭形，使成菜美观大方？

3.制作樟茶鸭子，鸭身是怎样开口的？

冷

菜

23. 烟熏鸭子（烟香味型）

【烹法】腌、熏、卤

【主料】肥鸭1只（重约1 500克）

【辅料】杠炭、松柏枝、锯木面、卤水各适量

【调料】芝麻油15克　　　姜（拍破）25克　　　川盐25克
　　　　花椒约20粒　　　料酒15克　　　　　五香粉3克
　　　　白糖5克　　　　　味精2克

【制作】

1. 将鸭子宰杀放血，去毛，剖腹取出内脏，洗净晾干水汽。

2. 将川盐、料酒、花椒、白糖、味精、五香粉、姜均匀抹在鸭身上，放入缸内，夏天腌约6小时，冬天腌12小时，中途翻面1次。腌后取出入滚开水中烫一下，取出晾干水汽。

3. 将杠炭点燃烧红放于烤炉内，待炉膛烘热后加入松柏枝，撒上锯木面，待浓黑烟散去，将鸭子挂于炉膛内熏制，直到鸭身呈金红色后出炉，放入卤水锅中卤熟，捞出晾凉。

4. 将晾凉的鸭子斩成块条，装于盘中，刷上芝麻油即可上桌。

【风味特点】

色泽金黄，鲜嫩烟香。

【注意事项】

1 选用肥嫩子鸭，宰杀时刀口要小，注意去净茸毛。

2. 特别要求去尽肺气管和所有内脏。

【学习要求】

1. 要求色泽金黄，皮香嫩化渣。

【讨论复习题】

1. 怎样做到成菜色泽金黄，摆盘美观？

2. 如何使鸭子皮香肉细嫩？

24. 茶熏鸡（烟香味型）

【烹法】卤、熏

【主料】公鸡 1 只（重约 1 000 克）

【辅料】茶叶 200 克　锯木面 200 克　松柏枝 200 克　杠炭 300 克

【调料】芝麻油 20 克　味精 3 克　白卤汁 3000 克

【制作】

1. 将公鸡宰杀后放血去毛，开膛取出内脏，洗净，放入白卤汁内卤熟，捞出揩干水分。

2. 将烧红的杠炭置于烤炉膛内，等炉膛内温度升高，撒上锯木面、松柏枝、茶叶，待初燃的黑烟散去，挂进卤鸡，关上炉门，熏至鸡身均匀地呈现黄色，并有一股茶叶香味时取出。

3. 将鸡头对剖，摆于盘子前端，再分部位将鸡斩成 2.1 厘米宽、3.6厘米长的条块，按鸡身形状摆于盘中，或摆成三叠水形状。

4. 用芝麻油加味精，刷在装盘的鸡肉上即可。

【风味特点】

色泽金黄，熏香味浓，肉质松软。

【注意事项】

1. 选用肉质细嫩的公鸡。

2. 斩鸡时，刀要对准部位，一刀成形，保持条块大小长短一致。

3. 鸡形的摆法要大方美观。

【学习要求】

鸡身金黄，茶香浓郁，肉质松嫩，装盘形美。

【讨论复习题】

1. 熟悉摆盘的部位和方法。

2. 茶熏鸡用什么卤水最好。

冷

菜

25. 陈皮肉丁 (陈皮味型)

【烹法】炸、收

【主料】净猪肉 750 克

【辅料】菜籽油 750 克 (耗 100 克)

【调料】干辣椒 50 克　　花椒 8 克　　　陈皮 10 克　　姜 40 克
　　　　葱 30 克　　　　料酒 25 克　　　酱油 10 克　　醪糟汁 25 克
　　　　鲜汤 100 克　　　川盐 10 克　　　芝麻油 10 克　白糖 5 克
　　　　糖色 5 克

【制作】

1. 姜、葱洗净，姜拍破，葱切成短节；干辣椒切成节；陈皮切成小长方块。

2. 猪肉切成 1 厘米见方的丁，用川盐、酱油、料酒、姜、葱拌匀，腌制 20 分钟以后捡出姜、葱待用。

3. 锅置旺火上，下菜籽油烧至七成热，放猪肉丁炸至呈金黄色捞起。

4. 滗去锅内炸油，另加入菜籽油 100 克，烧至五成热，下干辣椒、花椒、陈皮炸出香味，加姜、葱节，再倒入炸好的肉丁合炒，烹入料酒、酱油、白糖、醪糟汁、糖色、鲜汤，待收干汁后，淋芝麻油簸匀起锅，捡去姜、葱不用，装盘即成。

【风味特点】

色红汁浓，陈皮味浓，酥软化渣。

【注意事项】

1. 选用猪二刀瘦肉为宜。

2. 用少量酱油拌和肉丁，不可多用。

3. 炸肉丁时要时刻注意颜色变化，防止炸得过老。

4. 干陈皮先抹干净，用温水泡一下。

【学习要求】

掌握火候，成菜麻辣芳香，陈皮味浓厚。

【讨论复习题】

1. 炒陈皮肉丁时，鲜汤起什么作用？

2. 如何做到成菜色红不黑，干而不硬？

26. 花椒鸡丁（香麻味型）

【烹法】炸、收

【主料】净鸡肉 750 克

【辅料】菜籽油 750 克（耗 100 克）

【调料】花椒 100 克　　干辣椒 50 克　　川盐 10 克　　姜 40 克
　　　　葱 20 克　　　　酱油 50 克　　　芝麻油 10 克　　醪糟汁 25 克
　　　　鲜汤 100 克　　　料酒 20 克　　　白糖 5 克

【制作】

1. 姜、葱洗净，姜拍破，葱切成短节；干辣椒切成节。

2. 鸡肉切成 1 厘米见方的丁，用川盐、酱油、料酒、姜、葱拌匀，码味 20 分钟后捡去姜、葱待用。

3. 锅置旺火上，下菜籽油烧至七成热，放入鸡丁炸至呈金黄色捞起。

4. 滗净锅内炸油，另加入菜籽油 100 克，烧至五成热，下干辣椒节、花椒炸出香味，加姜、葱，倒入炸熟的鸡丁合炒几下，烹入料酒、酱油、白糖、醪糟汁、鲜汤烧开后用小火收汁，待汤汁收干，捡去姜、葱，淋上芝麻油簸匀起锅装盘即成。

【风味特点】

色泽棕红，麻辣酥香，回味悠长。

【注意事项】

1. 选白皮嫩公鸡肉。

2. 拌和鸡肉丁，酱油不可多用，用量要少。

3. 炸鸡肉丁时要关注颜色变化，防止炸得过老。

【学习要求】

此菜要求麻辣干香，入口化渣。

【讨论复习题】

1. 这种炒法与炒其他菜在本质上有什么不同？

2. 陈皮鸡丁与花椒鸡丁有哪些不同的地方？

冷

菜

27. 五香豆筋（五香味型）

【烹法】炸、收

【主料】豆筋 250 克

【辅料】熟菜籽油 750 克（耗 150 克）

【调料】川盐 3 克　　酱油 5 克　　五香粉 3 克　　白糖 2 克

　　　　味精 3 克　　芝麻油 10 克　　姜 10 克　　　葱 15 克

　　　　鲜汤 250 克

【制作】

1. 将豆筋用热水迅速洗净，揩干水分，切成 9 厘米长的段；姜拍破，葱切成 9 厘米长的段。

2. 炒锅置旺火上，下熟菜籽油烧至六成热，放入豆筋段炸至发泡皮酥，捞起。

3. 锅内留油 50 克，放入姜、葱段炒一下，加入豆筋段，掺鲜汤，下酱油、川盐、五香粉、白糖，用中火收汁后放味精，淋芝麻油簸匀起锅。

4. 捡去姜、葱不要，逐一将豆筋对剖，切成 3 厘米长的菱形块，入锅内拌匀后盛入盘内即成。

【风味特点】

松酥干香，油润化渣。

【注意事项】

1. 选新鲜色白、无虫蛀的豆筋。

2. 洗豆筋时不要久泡，洗净即可。

3. 炸豆筋以酥泡不焦为度。

【学习要求】

使用五香粉适量，成菜外观松酥油润，味道干香，入口化渣。

【讨论复习题】

1. 为什么豆筋不能久泡？

2. 五香豆筋还可以用哪些烹法？

28. 麻辣牛肉干（麻辣味型）

【烹法】炸、收

【主料】瘦牛肉 500 克

【辅料】菜籽油 500 克（耗 200 克）

【调料】花椒面 5 克　　辣椒面 10 克　　料酒 35 克　　白糖 10 克

　　　　川盐 10 克　　酱油 10 克　　味精 3 克　　芝麻油 15 克

　　　　牛肉汤 75 克　　葱 50 克　　　姜 35 克

【制作】

1. 葱洗净，切成 9 厘米长的节；姜洗净，拍破。

2. 牛肉洗净，入锅内煮 10 分钟定型，撇去血沫，继续煮熟透，捞起。

3. 将晾冷的熟牛肉用刀切成 3.5 厘米长、1.5 厘米宽的长条，装入大碗，放入葱节、姜、15 克料酒、5 克盐、5 克酱油和匀，码味约 30 分钟。

4. 锅内下菜籽油烧至七八成热，捡去牛肉中码味的葱、姜，将牛肉条放入油锅炸至棕红色，待水分快干时捞起，滗去炸油。

5. 另倒菜籽油 50 克入锅烧至五成热，放入葱、姜翻炸出味，加入酱油 5 克、料酒 20 克、牛肉汤、白糖、盐 5 克，再放入炸好的牛肉干，不断翻动收汁，待汁快收干时加辣椒面，淋入芝麻油，将锅端离火口，捡去葱、姜不要，再加入花椒面、味精炒匀即成。

【风味特点】

麻辣干香，为佐酒佳肴，冷热均可食用。

【注意事项】

1. 要选无筋的牛腿肉。煮牛肉要冷水下锅，撇去血沫。

2. 牛肉码味时，酱油用量要少，以免炸黑。

3. 掌握好火候，不要将汁收得太干。

【学习要求】

牛肉要成棕红色，干而不硬，具有麻辣酥香味。

【讨论复习题】

1. 采用此菜的制作过程还可以烹制哪些菜？

2. 在收汁过程中的翻动与一般炒菜的炒法性质上有哪些根本不同的地方？

3. 为什么牛肉要先煮后切？

冷

菜

29. 芝麻肉丝（咸甜味型）

【烹法】炸、收

【主料】猪里脊肉 250 克

【辅料】菜籽油 500 克（耗 100 克）　熟芝麻 30 克

【调料】川盐 3 克　　　五香粉 2 克　　　姜（拍破）5 克　　　葱 1 根

　　　　料酒 15 克　　　味精 2 克　　　　白糖 3 克　　　　　酱油 3 克

【制作】

1.将猪里脊肉洗净，切成 5 厘米长的头粗丝，放入姜、葱、料酒、川盐，码味 10 分钟后捡去姜、葱。

2.炒锅置旺火上，下菜籽油烧至七成油温时下猪肉丝炸熟捞出，滗去炸油。

3.锅内加水，下入猪肉丝、五香粉，白糖、酱油、味精烧开后用小火烧至汁干吐油，撒上熟芝麻起锅，晾凉后装盘即成。

【风味特点】

口感酥软、鲜香回甜。

【学习要求】

1.刀工精细，肉丝长短粗细均匀。

2.注意加入主料、辅料、调料的前后顺序。

3.火候把握准确，防止肉丝炸得过老，收汁恰到好处。

30. 葱酥鲫鱼（咸鲜味型）

【烹法】炸、收

【主料】小鲫鱼 500 克

【辅料】菜籽油 1500 克（耗 100 克）

【调料】泡红辣椒 8 根　　芝麻油 5 克　　葱 400 克　　醪糟汁 50 克

　　　　料酒 20 克　　　　酱油 10 克　　冰糖 20 克　味精 3 克

　　　　川盐 3 克　　　　　鲜汤 400 克

【选料】选长 6 厘米左右的鲜活小鲫鱼。

【制作】

1. 鲫鱼去鳞，剖腹去内脏、鳃，洗干净，晾干水分后，在鲫鱼身码上少量的料酒、川盐；葱洗净，选用葱白部分切 5 厘米长的段；泡红辣椒去蒂去籽，切 5 厘米长的段。

2. 炒锅置旺火上，放入菜籽油 1500 克烧至八成热，把鲫鱼倒入油锅中炸酥，捞起备用。

3. 锅放火上，放入菜籽油 50 克烧至五成热，将葱段放入油锅中炒香，加入酱油、料酒、冰糖、鲜汤、泡红辣椒段、醪糟汁、川盐、味精烧开，放入鲫鱼。调成小火上烧至鲫鱼酥软，汁浓油亮，加入芝麻油起锅晾凉装盘即成。

【风味特点】

成菜肉嫩骨酥、葱香味鲜，亮油不见汁，冷食尤佳。

【注意事项】

在炸鱼时，一定保持鱼酥不焦。收汁时注意火力，不能太旺，用微火为宜。

【学习要求】

1. 要正确掌握葱烧鱼和葱酥鱼的烹法。

2. 制作的葱酥鱼，要求肉嫩骨酥、味鲜葱香，鱼身颜色金黄、完整不烂。

【讨论复习题】

1. 烹制葱酥鱼除选用鲫鱼，还可选用哪些鱼？与烹制葱烧鱼的方法有哪些不同？

2. 剖鱼时应注意什么问题？

冷

菜

31. 陈皮牛肉（陈皮味型）

【烹法】炸、收

【主料】牛背柳肉 500 克

【辅料】菜籽油 1000 克（耗 250 克） 陈皮 50 克

【调料】干辣椒 75 克 川盐 7 克 白糖 30 克 花椒 8 克

选料醪糟汁 50 克 料酒 25 克 味精 5 克 姜 25 克

葱 10 克 辣椒面 25 克 鲜汤 250 克

【选料】选用牛背柳肉。

【制作】

1. 姜拍破。干辣椒切成 1 厘米长的节。陈皮切成 1 厘米见方的小片，用温热水淘洗几次，再用温热水泡 20 分钟，捞起待用。

2. 将牛背柳肉切成 4 厘米长，3 厘米宽、5 毫米厚的片，装入碗内，放 3 克川盐、10 克料酒、10 克拍破的姜码味。

3. 炙锅后，锅置旺火上，下菜籽油烧至七成热，捡去姜、葱，将码味后的牛肉放入略炸，用漏瓢舀起，滗去炸油。

4. 锅内继续下菜籽油 150 克，放入干辣椒节炸成棕红色，下陈皮炒香，再下花椒略炒，立即下牛肉、川盐、姜片、料酒翻炒，下辣椒面炒至樱桃色，加入鲜汤、醪糟汁、白糖、味精，烧开后小火收汁吐油起锅，冷却后装盘即成。

【风味特点】

麻辣味浓，陈皮芳香，肉质酥鲜，色泽红亮。

【注意事项】

1. 必须注意陈皮片大小均匀，突出陈皮味。

2. 依秩序下入**辅料**和调料。

3. 注意白糖、醪糟汁不宜早下锅。

【学习要求】

要求麻辣味浓，香酥色红亮。

【讨论复习题】

1. 为什么不宜早下白糖、醪糟汁，说明道理？

2. 如何突出麻辣味中的陈皮香？

32. 油酥花仁（香酥味型）

【烹法】炸

【主料】花生米 250 克

【辅料】菜籽油 500 克（耗 35 克）

【制作】菜籽油入锅烧至二成热，放入花生米，随着锅内油升温至七成热，用漏瓢舀几颗轻轻抖动，当花生米发出脆响声，不再有水分时就可捞起，晾冷即成。

【风味特点】

色泽金黄，酥脆油香。

【注意事项】

1. 选粒大饱满、无霉烂、颜色黄亮的花生米。

2. 花生米炸干水分后要及时捞起，不要炸焦了。

3. 炸花生时要不断翻动。

4. 炸花生有的要淘洗，不淘洗的要去掉灰尘杂质。

【学习要求】

通过掌握油炸花生米，达到熟练掌握炸酥黄豆、胡豆、豌豆、桃仁、杏仁等食材。

【讨论复习题】

1. 炸花生和炸黄豆的区别在哪里？

2. 油酥花生又与油酥豌豆、胡豆的区别在哪里？

冷

菜

33. 油烫鸭子（咸鲜味型）

【烹法】卤、炸

【主料】水盆鸭子1只（重约1 250克）

【辅料】熟菜籽油1 500克（耗50克） 卤汁1 500克 芝麻油15克

【制作】

1. 将水盆鸭子放入沸水中氽一下，捞出晾干水分。

2. 将晾干的鸭子放入卤汁中卤熟，捞出晾干水分。

3. 炒锅置旺火上，下菜籽油烧至七成热，放入卤鸭炸至皮酥呈金红色，捞起晾冷，斩成5厘米长、3厘米宽的条块，摆入盘内，刷上芝麻油即成。

【风味特点】

成菜皮酥肉嫩，香味醇厚，最宜佐酒。

【注意事项】

1. 选肥嫩鸭子，宰鸭时应挖去鸭尾部的鸭骚。

2. 将主料换为公鸡即为"油烫卤鸡"。

【学习要求】

熟软恰当，色泽金红，香味适度，装盘美观。

【讨论复习题】

1. 怎样调制卤鸭的卤汁？

2. 怎样判断卤鸭子的熟软程度？

34. 糖醋排骨（糖醋味型）

【烹法】蒸、炸

【主料】猪排骨 1500 克

【辅料】菜籽油 1000 克（耗 150 克）

【调料】鲜汤 100 克　　白糖 150 克　　川盐 5 克　　酱油 5 克

　　　　醋 100 克　　　料酒 50 克　　　姜 15 克　　葱 25 克

【制作】

1. 葱、姜洗净，葱绾成结，姜拍破。

2. 仔猪排洗干净，斩成 5.5 厘米长的段，入沸水中余一下捞出。

3. 排骨加姜、葱结、川盐、酱油、料酒码味约 1 小时，上笼旱蒸约 25 分钟至熟，捡去姜、葱。

4. 锅置旺火上，下菜籽油烧至七成热，放入排骨炸至成金黄色捞出。

5. 炒锅洗净，置中火上，下菜籽油放入白糖炒制成糖色，放入鲜汤、白糖、醋、排骨，用小火自然收汁后，颠簸均匀起锅，晾凉后装盘即成。

【风味特点】

色泽红亮、甜酸爽口。

【注意事项】

1. 选用仔猪排骨。

2. 排骨在油锅内不要炸焦，呈金黄色捞起。

3. 白糖入锅熬化即可，切忌熬焦。

【学习要求】

此菜色泽红亮，甜酸味美。

【讨论复习题】

1. 怎样做到糖醋排骨色泽红亮、肉质鲜嫩？

2. 用什么部位的排骨最好？

3. 能否用其他糖代替白糖？

冷

菜

35. 炸桃腰（咸鲜味型）

【烹法】炸

【主料】猪腰 500 克（5 个）　核桃仁 100 克

【辅料】菜籽油 1000 克（耗 150 克）　蛋清豆粉 150 克

　　　　干细豆粉 100 克　芝麻油 50 克　大葱丝 10 克　甜酱 10 克

【调料】川盐 5 克　味精 3 克　花椒面 3 克

【选料】选用新鲜猪腰。

【制作】

1. 将猪腰去膜皮，对剖，片去白色腰骚，改刀成荔枝块，切去边角，再横切成 2 厘米见方的小块，共 20 块，

2. 将加工好的猪腰块洗净，加川盐码味，揾干水分，扑上干细豆粉。

3. 核桃仁用开水浸泡两分钟，剥去皮，放入五成热的油锅中炸酥待用。

4. 小碗装入蛋清豆粉、川盐、味精调匀待用。

5. 锅置中火上，下菜籽油烧至约五成热，将腰块花纹向下置于掌上，薄薄糊上一层蛋清豆粉，上放一瓣核桃仁包拢，在四角合缝处又薄薄糊上一层蛋清豆粉，下锅炸至四至五成热呈浅黄色时，即用漏瓢捞起。

6. 全部炸完后，将锅内油继续烧至八成热，将腰块下锅再炸一次，炸成金黄色时立即捞起，滗去锅内炸油，将已炸好的桃腰下锅，淋上芝麻油，撒上花椒面簸转起锅，花纹向上整齐地摆在盘中，配上大葱丝、甜酱碟与荷叶饼同吃。

【风味特点】

香酥脆嫩，形色美观。

【注意事项】

1. 必须选用新鲜猪腰。

2. 注意切腰块的刀法，切成的荔枝腰块要大小均匀。

【学习要求】

1. 选料认真。

2. 腰花刀法要均匀。

3. 油炸出的腰块颜色金黄，成菜香酥脆嫩。

【讨论复习题】

1. 包桃腰的次序是怎样进行的？

2. 为什么炸桃腰要分两次下油锅炸？

36. 蛋酥花仁（咸鲜味型）

【烹法】炸

【主料】花生米 500 克（3 份）

【辅料】菜籽油 1500 克（耗 100 克）　　鸡蛋 2 枚

【调料】川盐 5 克　　　细豆粉 150 克　　味精 3 克

【选料】选用颗粒大小均匀的花生米。

【制作】

1. 清水烧沸倒入瓷盆里，放入花生米，加盖 5 分钟后，揭盖用手搓去花生米皱皮。

2. 去皮花生米放于碗中，放川盐（码味）后滗去水分。

3. 细豆粉磨细装碗中，加入味精、五香粉、鸡蛋调匀，放入花生米并拌和均匀。

4. 锅置旺火上，下菜籽油烧至六成热，下花生米炸至微呈金黄色捞起，分装成 3 份即成。

【风味特点】

香酥化渣，味鲜可口。

【注意事项】

1. 炸好的蛋酥花仁颜色要一致。

2. 泡花生米时要防止泡软分瓣，影响成菜质量。

【学习要求】

花生米去皮，香酥化渣。

【讨论复习题】

怎样做蛋酥花仁才能达到香酥化渣？

冷

菜

37. 炸酱桃仁（咸甜味型）

【烹法】炸、沾糖

【主料】核桃仁 500 克（2 份）

【辅料】白糖 200 克　　甜酱 50 克　　菜籽油 1000 克（耗 50 克）

【选料】选用肉质色白的核桃仁。

【制作】

1.核桃仁放瓷盆内，倒入沸水，加盖捂五分钟左右后，用手撕去皱皮。

2.锅置中火上，倒入菜籽油烧至六成热，放入核桃仁炸至呈金黄色捞起。

3.将锅洗干净，置中火上，倒入清水 100 克，加入白糖炒至白泡时加甜酱炒均匀。

4.待锅内起大泡，用锅铲铲起发白时，将锅端离火口，下核桃仁炒匀上糖，冷却后装盘，分装成 2 份即成。

【风味特点】

香酥化渣，突出甜味，回味带咸。

【注意事项】

1.糖汁炒嫩了，起丝不收衣。

2.糖汁炒老了，穿不起糖衣，核桃仁与糖汁会出现分离。

【学习要求】

1.要求掌握好火候，控制好糖汁老、嫩程度。

2.核桃仁穿糖衣要均匀。

3.成菜香酥化渣。

【讨论复习题】

怎样控制火候，使核桃仁均匀穿上糖衣？

38. 胡萝卜松（甜香味型）

【烹法】炸

【主料】净胡萝卜 500 克

【辅料】菜籽油 1 000 克（耗 100 克）

【调料】白糖 50 克

【选料】选用粗大、芯小的胡萝卜。

【制作】

1.将胡萝卜洗干净，切去两头不用，然后切成 6 厘米长、细约 1 毫米的丝，用清水淘洗干净，滤干水分。

2.锅洗净，置旺火上，放入菜籽油烧至六成热，倒入胡萝卜丝炸散，待丝呈金红色时快速捞起，用纱布或纸巾趁热搌压干油质，用竹筷抖散，盛入盘内撒上白糖即成。

【风味特点】

颜色金红，甜香味鲜。

【注意事项】

1.用大小粗细均匀、芯小的红色胡萝卜。

2.胡萝卜丝应粗细长短均匀，并淘洗干净，滤干水分。

【学习要求】

切胡萝卜丝应粗细长短均匀，炸干水分，成菜颜色金红，甜香可口。

【讨论复习题】

1.为什么胡萝卜丝要炸干水分？

2.为什么胡萝卜丝炸好起锅后要搌压干油质？

冷

菜

39. 蛋松（咸鲜味型）

【烹法】炸

【主料】鸡蛋 10 枚

【辅料】菜籽油 1 000 克

【调料】川盐 5 克

【选料】新鲜的鸡蛋

【制作】

1. 将鸡蛋敲破倒入碗里，加盐搅散均匀。

2. 炙锅后，锅置于中火上，下菜籽油烧至五成热时，一手持鸡蛋碗，一手持细孔漏瓢，把鸡蛋浆倒漏瓢中，旋转漏入油锅里，直到鸡蛋浆漏完为止。当油锅里蛋浆成飞丝状时用漏瓢快速捞起，用纱布或纸巾趁热揾干油质后用筷子抖散，晾凉即成蛋松。

【风味特点】

色泽金黄，香酥味鲜。

【注意事项】

1. 鸡蛋液必须用竹筷完全搅散。

2. 锅洗干净，用温油炙锅，以免黏锅。

【学习要求】

控制好火候、油温，达到颜色金黄，咸香味鲜。

【讨论复习题】

蛋松为什么会成飞丝状，是怎样形成的，原因是什么？

40. 五香脆皮鸡（五香味型）

【烹法】蒸、炸

【主料】公鸡1只（重约1 500克）

【辅料】菜籽油2 000克（耗100克）

【调料】花椒面15克　　芝麻油5克　　料酒50克　　白糖2克

　　　　饴糖75克　　　葱50克　　　五香粉25克　　川盐10克

　　　　老姜25克　　　味精3克

【选料】选用公鸡或者嫩母鸡1只。

【制作】

1.鸡宰杀，去毛、内脏、喉管，宰去翅尖、脚爪，用清水洗净，入沸水氽一下，除去血腥味。

2.碗内装川盐、白糖、五香粉、花椒粉、料酒调匀，抹遍鸡的全身内外；将姜拍破，葱绾成结，塞入鸡肚。将鸡放入笼内，用旺火蒸熟出笼，趁鸡身尚热，均匀抹上饴糖。

3.菜籽油2 000克倒入炒锅，置旺火上烧至八成热，将鸡放入炸成金黄色，起锅晾冷，剔去大骨，宰成一字条，摆入盘内。

4.蒸鸡的汁水约250克，加上芝麻油、味精调匀，用味碟盛好，和鸡一同上桌。

【风味特点】

此菜外皮酥脆，肉质鲜嫩，鲜香味美，是佐酒佳肴。

【注意事项】

1.在抹调料时，要将鸡的全身内外抹匀，肉厚处可多抹些，鸡嘴里也要抹上调料。

2.要掌握好蒸鸡的火候，不宜蒸得过烂，蒸至刚熟为宜。

3.装盘时头、颈、翅垫底，胸脯等盖面，造形美观大方。

4.如果不要味碟，可将调好的味汁淋于装好盘的鸡条上。

【学习要求】

1.掌握好火候，使鸡肉软糯适度；炸皮时要求皮金黄不焦、皮脆。

2.宰鸡条不烂，装盘整齐美观。

【讨论复习题】

1.五香粉是由哪些香料组成的？

2.为什么要在八成热的油锅中炸鸡？

3.成菜没有味碟时，该怎么做？

冷

菜

冻

41. 龙眼果冻(甜香味型)

【烹法】冻

【主料】琼脂 20 克

【辅料】蜜樱桃 12 颗　　鸡蛋 2 枚　　白糖 250 克

【选料】

1. 选颜色纯白，干燥、无霉变的琼脂。

2. 鸡蛋要新鲜的，樱桃要鲜红的。

【制作】

1. 取 12 个鼓式酒杯，洗干净待用。琼脂用清水洗干净，鸡蛋敲破，取蛋清搅散。

2. 清水 500 克加白糖 250 克熬化，收浓至黏手时起锅，装入大碗内晾冷待用。

3. 取清水 500 克加白糖 150 克放入锅内烧开，撇去浮沫，倾入鸡蛋清，待糖水即将烧开时端离火口，撇去蛋沫不用，再放入琼脂熬化，起锅分别装入杯内的约四分之一处，放入蜜樱桃，再将剩余的琼脂糖水装入杯内晾冷。

4. 出菜时将每个杯内的龙眼果冻倒出摆盘，淋上收浓晾冷的糖汁即成。

【风味特点】

形如龙眼，清凉甜美。

【注意事项】

1. 樱桃要先抹干水分。

2. 蛋清糖水必须将浮沫撇净。

3. 此菜如要急吃就需进冰箱速冻。

【学习要求】

琼脂与水的比例应适当。

【讨论复习题】

根据辅料不同，还可制作哪些果冻？

42. 什锦果冻 (甜香味型)

【烹法】冻

【主料】琼脂 7 克

【辅料】白糖 400 克　　　清水 1000 克　　　猪瘦肉 50 克

　　　　罐头龙眼、马蹄、桃、梨、菠萝、杨梅、橘子共 100 克。

【选料】选用色白、体干的琼脂。

【制作】

1. 琼脂在清水内迅速淘净；猪瘦肉捶成茸，浸泡在 250 克清水内。

2. 将罐头龙眼、马蹄、桃、梨、菠萝、杨梅切成指甲大小的片，橘子分成小瓣。

3. 锅洗净，置中火上，掺入清水，放白糖烧沸至溶化。用猪瘦肉茸清糖汁。锅内留糖汁 400 克，下琼脂，在微火上熬至充分溶化，加龙眼、马蹄、桃、梨、菠萝、杨梅片、橘瓣调匀成冻汁，倒入碗内。

4. 将装满果冻汁的碗放入冰箱或待其自然冷却凝结成果冻。

5. 锅洗净，放入余下的稀糖汁，置中火上慢慢收浓至约 500 克，端离火口晾凉。

6. 取大汤盘一个，将果冻扣入，淋上糖汁即成。

【风味特点】

果冻透明，甜味适度，清爽可口，有水果的自然鲜味。

【注意事项】

1. 同样的操作法亦可制作单一果品的果冻如"菠萝果冻""雪梨果冻"等。

2. 熬冻与收制糖汁时切勿熬焦。

【学习要求】

色鲜透明形美，果片大小厚薄均匀，冻汁凝结程度适中。

【讨论复习题】

1. 水果为什么要切成指甲片，还可以切成什么形状？

2. 果冻还可调成哪些颜色？

3. 为什么要用清水迅速淘净琼脂？

冷

菜

43. 桂花冻（咸鲜味型）

【烹法】冻

【主料】猪肉皮 500 克

【辅料】鸡蛋 2 枚　　　鸡爪 500 克　　　猪瘦肉 250 克　　　八角 1 颗

　　　　川盐 5 克　　　料酒 50 克　　　味精 3 克　　　　　糖色适量

【选料】选猪臀部位的肉皮。

【制作】

1. 将猪肉皮拈净残毛，刮洗干净，放入鲜汤内氽透，捞起晾凉，切成 3.6 厘米长、2 厘米宽、2 毫米厚的小条片；鸡蛋敲破入碗搅散；猪瘦肉捶茸后用清水 500 克解散浸泡；鸡爪洗净。

2. 锅洗净，放入鸡爪，掺入清水，置中火上熬 1 小时后捞起另作他用。

3. 汤内放入川盐 5 克，用猪瘦肉茸清汤后，再放入八角、肉皮条，用微火熬至肉皮条极炽后捞出不用，加料酒、味精、糖色烧沸，淋入鸡蛋液浪成蛋花即成桂花状。

4. 取白瓷方盘倒入汤汁，送入冰箱急冻或待其自然凝结后取出切成小骨牌片，盛入盘内摆成扇面形即成。

【风味特点】

柔嫩美观，味鲜可口。

【注意事项】

1. 桂花冻可配蒜泥味和红油味两个味碟上桌供蘸食。

2. 淋蛋液后迅速起锅，以免变老。

3. 放糖色时注意用量，以淡茶色为适宜程度。

【学习要求】

冻汁透明，老嫩适度，色泽自然，装盘美观。

【讨论复习题】

1. 为什么要把猪肉皮熬至极炽?

2. 盛冻汁除使用白方瓷盘外，还可以用什么盛具?

3. 采用此种制法，还可以制作哪些冻菜品种?

44. 橙子冻（甜香味型）

【烹法】煮、冻

【主料】橙子

【辅料】白糖 400 克　　琼脂 10 克　　清水 1000 克

　　　　蜜樱桃 24 颗　　鸡蛋 1 枚

【选料】选取个大的大甜橙 1 枚

【制作】

1. 将橙子剥皮去筋、核，用冷开水洗干净，分成 24 小瓣。每小瓣中间嵌 1 颗樱桃，分别放入 24 个酒杯中。

2. 取白糖 150 克入清水锅内，烧沸溶化，滤去杂质；将琼脂切成细节；鸡蛋敲破入碗，掺 20 克水搅散待用。

3. 锅洗干净，放入琼脂，掺糖水，置于火上熬至琼脂完全溶化，倒入盆内晾凉至 5~6℃，再逐个倒入酒杯中，等酒杯中的琼脂结冻后，用软竹片沿酒杯内周围划一圈，翻倒入莲花碗内。

4. 锅中加入清水 500 克，倒入白糖，置旺火上，在糖水烧开前倒入鸡蛋液搅匀，撇去泡沫，待烧开后倒于盆内，冷却后淋于莲花碗内即可上桌。

【风味特点】

软滑甜香，橙味浓郁。

【注意事项】

1. 必须除去糖水之中的杂质。

2. 原料要洗干净，工具、模型要用沸水消毒。

【学习要求】

要用沸水将琼脂完全溶化。成品颜色洁白，味甜略酸。

【讨论复习题】

1. 琼脂在橙子冻里起什么作用？

2. 怎样制作冻品的各种模型？

冷

菜

45. 花仁肘子冻（咸鲜味型）

【烹法】煮、煨、冻

【主料】净猪肘 1 只（重约 750 克）

【辅料】鲜猪皮 500 克　　花生米 300 克　　琼脂 10 克

【调料】姜 10 克　　　　葱 3 根　　　花椒约 20 粒　　　川盐 5 克
　　　　芝麻油 25 克　　味精 5 克　　料酒 10 克　　　清汤 250 克

【选料】选去骨猪后肘子 1 只

【制作】

1. 猪肘子和猪皮去尽残毛，置火上燎皮，用刀刮洗干净，余一次。花生米用开水浸泡，撕去膜。花椒用纱布包好。姜拍破。葱绾成结。

2. 将猪肘子肉、花生米放于锅中，掺水淹没，加入姜、葱结、花椒包、料酒，用中火烧开后改用小火煨炖，直到猪肘肉和猪皮煨炠后，捞起肘子、猪皮，放入瓷盘内；花生米捞起放入碗内。捡去姜、葱、花椒包不要，撇净汤汁中的浮油。

3. 肘子冷却后放平，再将花生米放入肘子的瘦肉上，铺约二指厚。

4. 琼脂用冷水淘洗干净，加 50 克煨肘子的鲜汤，装碗上笼蒸化后取出倒入肘子原汤中，下 3 克川盐、2 克味精，将约 750 克原汤汁舀入淹没肘子上，等到冷却或放入冰箱内冻结。

5. 将冻肘用刀改成 6 厘米长、7 毫米宽的块，放入盘内，用冷清汤 100 克，加入川盐、芝麻油、味精对成味汁淋上即成。

【风味特点】

色泽洁白，鲜嫩爽口。

【注意事项】

1. 汤多了不易结冻。

2. 琼脂每份 10 克，量多用了肉冻过硬，用量过少不易结冻。

3. 鲜汤用 750 克左右为宜。

【学习要求】

要求正确使用琼脂，汤汁用量恰当。

【讨论复习题】

如何正确使用刀法？

46. 皮冻（咸鲜味型）

【烹法】冻

【主料】猪肉皮 500 克

【调料】川盐 6 克　　　糖色 25 克　　　姜 15 克　　　　葱 15 克

　　　　料酒 25 克　　　胡椒粉 3 克　　　芝麻油 10 克　　味精 3 克

　　　　酱油 25 克　　　芫荽 15 克　　　高汤 100 克

【选料】选用新鲜、无污染变质的猪肉皮。

【制作】

1. 猪肉皮去净残毛，刮洗干净；芫荽去根、黄叶，洗干净切成节。姜拍破，葱缩成结。

2. 锅洗干净，放入猪肉皮，掺清水 1500 克烧沸，撇去浮沫，放姜、葱、川盐、料酒、糖色，改用小火炖 2 小时至皮炮，捡去姜、葱，捞出肉皮晾凉，用绞肉机绞成颗粒后放回锅内，放味精、酱油、胡椒粉再煮一下，舀入碗内冷却成冻，改刀约 6 厘米长、2 厘米宽、1 厘米厚的片，入盘摆成风车形。

3. 用芝麻油、味精、酱油、川盐和冷高汤调成味汁，淋在肉皮冻片上，撒上芫荽即成。

【风味特点】

色呈黄色，咸鲜可口。

【注意事项】

清水用量要适度，量过多冻不起，水量过少则猪皮冻发硬顶牙。

【学习要求】

新鲜猪皮要去净残毛根；用水要适当，要求成菜入口软嫩，观感发亮。

【讨论复习题】

怎样做好皮冻？

冷
菜

47. 腌肉（腊香味型）

【烹法】腌、蒸

【主料】猪肉 2500 克（约 10~15 份）

【调料】川盐 100 克　白酒 25 克　花椒 5 克　白糖 50 克

【选料】用猪保肋肉或后腿肉。

【制作】

1.将猪肉开划成 2~3 块的条形，将川盐、花椒炒香炒烫后加白酒、白糖均匀抹在猪肉上，皮朝下，逐块放入缸内，用重物压住。冬天每隔三天翻一次。5~6 天后从缸内取出，挂在通风处晾 5~6 天，直至晾干水分。

2.将腌肉刮洗干净，入笼蒸熟，切成片装盘即成。

【风味特点】

口感炟软，腊香味浓。

【注意事项】

1.猪肉要选用新鲜、无骨肉。

2.肉条开划要均匀。

【学习要求】

掌握好主料与调料的用量比例。

【讨论复习题】

腌肉蒸熟与煮熟的口感有何不同？

48.腌牛肉（腊香味型）

【烹法】腌、蒸

【主料】牛肉 2500 克（约 10 份）

【调料】川盐 150 克　　白酒 500 克　　花椒 15 克　　辣椒面 5 克

　　　　白糖 50 克　　　花椒面 5 克　　味精 2 克

【选料】选用牛犍子肉。

【制作】

1. 将牛肉去筋，切成 5 厘米宽的肉条，每条重约 250 克，将川盐、花椒炒烫、炒香加白酒、辣椒面、白糖调匀，均匀抹在牛肉条上，放入缸内，冬季储存 3 天左右，然后取出用竹篾条或铁丝穿好，挂在通风及阳光能照射的地方，直到晾干水分。

2. 将腌肉清洗干净，入笼约蒸 4 小时，取出切成 4 厘米长、3 厘米宽的薄片装盘，配上花椒面、川盐、味精调制的椒盐味碟一同上桌即可。

【风味特点】

麻辣干香，回味悠长。

【注意事项】

1. 牛肉要去除筋膜。

2. 牛肉切条要均匀。

【学习要求】

掌握好牛肉腌制储存时间。

【讨论复习题】

1. 牛肉腌制后为什么要晾干水分？

2. 腌牛肉为何蒸熟而不煮熟？

冷

菜

细做川菜

49. 腊肉（腊香味型）

【烹法】腌、煮

【主料】猪肉 2500 克（约 10 份）

【调料】川盐 100 克　　白酒 25 克　　花椒 5 克　　白糖 50 克
　　　　五香粉 10 克

【选料】选用猪五花肉或保肋肉、后腿肉

【制作】

1. 将猪肉洗净，切成重约 750 克左右的条块，用竹签或铁锥在肉上戳若干小眼。

2. 用铁锅将盐炒热，下花椒继续炒出香味，铲起放入缸内，与混合好的白糖、五香粉均匀地抹在肉上，放入缸内和匀用矸石压住储存腌渍，冬季每三天翻一次，使缸内的肉上下位置互换。6~7 天后将腌肉从缸内取出，用盐水洗一下，挂阴凉通风处晾干水分，或入炉烘干即成。

3. 食用前，将腊肉皮置明火上烧泡皮，然后放入温水中洗干净，经煮熟或蒸熟后切成薄片装盘即成。

【风味特点】

腊香扑鼻，味鲜色美。

【注意事项】

1. 腌制腊肉时，掌握好川盐和各种调料的用量。

2. 腌制后一定要将水分晾干。

【学习要求】

把握好煮或蒸的成熟火候，才能达到成菜腊香扑鼻。

【讨论复习题】

腌制前为何要在猪肉条上戳上若干小眼？

50. 蝴蝶猪头（腊香味型）

【烹法】腌、煮、蒸

【主料】猪头 1 只（约 10~15 份）

【调料】川盐 250 克　　　　白糖 125 克　　　　花椒 30 克　　　　八角 5 克

　　　　白酒 25 克　　　　芝麻油 100 克　　　　花椒面 3 克

【选料】选用 4 000~4 500 克重的猪头。

【制作】

1.将猪头上的残毛镊净，剔尽骨头，逢中划开，在下颌处保留 4 厘米长不割断，用竹签插孔，将白酒、川盐、白糖、花椒、八角调匀，均匀揉抹在猪头内外，皮朝下肉朝上装入缸内，冬季每三天翻动一次，一周后起缸。起缸后用毛巾揾干水分，用竹片撑开，挂在通风处晾至八九成干即成。

2.食用前，将蝴蝶猪头皮放在明火上烧泡皮，放入温水中刮洗干净，煮熟或蒸熟，切成约 6 厘米长，3 厘米宽、2 毫米厚的片，入盘摆成单面扇形或双面对称的扇形，刷上芝麻油，撒上花椒面即成。如果配上素菜、鲜花点缀，装盘造型更美。

【风味特点】

香糯爽口，肥而不腻。

【注意事项】

要保证猪头无毛、无刀痕，头皮光洁平整，形似蝴蝶。

【学习要求】

严格制作工序，达到咸度适中、腊香浓郁。

【讨论复习题】

1.腌猪头煮或蒸到什么程度才合适？

2.如何达到干爽、结实的成菜口感？

冷

菜

51. 香肠（腊香味型）

【烹法】腌、蒸

【主料】猪肉 5 000 克

【辅料】干肠衣 50 克。

【调料】川盐 150 克　　　白糖 50 克　　　白酒 100 克

　　　　味精 10 克　　　胡椒粉 5 克　　　姜汁 25 克

【选料】选用猪后腿肉或前夹肉。

【制作】

1. 将肥三瘦七比例的猪肉去皮去骨，切成片，放入川盐、白糖、白酒、味精、胡椒粉、姜汁拌和均匀，

2. 肠衣用手揉匀，用清水洗干净，放置约 2 小时翻面再洗干净，捞起滤干水分。

3. 再将拌好调料的猪肉灌入肠衣内，每隔 10~15 厘米长用细麻绳拴成节，每节均用牙签或锥子插眼排气，然后挂通风处晾至肠衣起皱，也可将香肠放烘房烘干水分。成型的香肠色泽红亮。

4. 食用前将香肠洗干净，煮熟或蒸熟，切成 1 毫米厚的斜片，装盘即成。

【风味特点】

肉质干爽，腊香味浓。

【注意事项】

1. 把握好川盐及调料的用量，不宜过咸过淡。

2. 讲求刀工，切片厚薄一致，装盘美观。

【学习要求】

掌握蒸、煮火候，达到入口鲜美，腊香浓郁。

【讨论复习题】

灌制香肠时，为何要对香肠插眼排气？

52. 元宝风鸡（腊香味型）

【烹法】腌、蒸

【主料】鸡1只（约6份）

【调料】川盐50克　　　白糖30克　　　白酒20克　　　花椒面3克

　　　　五香粉3克　　　芝麻油75克　　　味精3克

【选料】选用重约1 500克的肥嫩母鸡。

【制作】

1. 将鸡宰杀后烫水去毛，从鸡屁股处开孔取出全部内脏，另在鸡头下颈3厘米处用刀尖开口取出鸡食囊、喉管、食管等，用干净毛巾揾去腹内水分，放入川盐、白糖、白酒、花椒粉、五香粉等抹匀，将两鸡脚盘入腹内，鸡头弯转夹入翅膀，呈圆形状，侧放入缸腌制。每隔36小时翻缸一次。三天后将鸡取出缸，用绳子把鸡颈拴起，再用开水将毛巾烫热，挤干抹去血水，挂通风处晾干。

2. 将风干鸡清洗干净，入笼蒸熟后斩成5厘米长、3厘米宽的块，入盘摆成三叠水形。

3. 将芝麻油、味精拌匀，刷在装盘摆好形的鸡肉上即成。

【风味特点】

鲜香可口，回味悠长。

【注意事项】

严格遵守腌制工序，并把握好川盐、调味品用量比例。

【学习要求】

1. 要求掌握好蒸制火候。

2. 斩条均匀，装盘美观。

【讨论复习题】

此菜因何得名为"元宝风鸡"？

冷

菜

53. 白市驿板鸭（腊香味型）

【烹法】腌、蒸

【主料】肥鸭 1 只（约 3 份）

【调料】白糖 12 克　　五香粉 5 克　　芝麻油 50 克　　花椒 5 克
　　　　川盐 50 克　　味精 3 克

【选料】选重约 1 500 克的肥子鸭 1 只

【制作】

1. 将鸭子宰杀后去毛、内脏、翅尖和鸭脚，并用冷水漂约 20 分钟，剖开鸭腹，斩断鸭肋骨，用绳子拴好吊挂滴干水分。

2. 将川盐、五香粉、花椒和白糖混合拌匀后抹在鸭身上，要求抹匀揉透，鸭嘴里也放入少许调料。放入缸内腌制 6 小时后翻动一次，再腌渍 6 小时，取出腌缸，滴干盐水，用热纱布将鸭身内外擦干净。取两根竹篾条或铁丝架成十字架，将鸭身绷平成钹状，挂通风处晾干水分。

3. 谷草放入烘炕，点燃后撒上糠壳，先烘熏鸭腹部，再烘熏鸭背表皮，反复烘熏至鸭身成金黄色。

4. 食用前将鸭洗净，上笼蒸熟，冷却后斩成 5 厘米长、3 厘米宽的块条，摆入盘内成城墙垛形，刷上调匀的芝麻油即可。

【风味特点】

清香浓郁，回味鲜美。

【注意事项】

如果选用老鸭，则腌制时间稍长一些。

【学习要求】

根据鸭子老嫩程度，掌握好蒸制时间，达到色泽金黄、肉质肥美、香气浓郁。

讨论复习题：

熟练掌握此菜制作有哪些工序？

54. 风兔（腊香味型）

【烹法】腌、蒸

【主料】净兔肉 5 000 克（约 20 份）

【调料】川盐 150 克　　白酒 50 克　　姜汁 25 克　　白糖 50 克

　　　　花椒 12 克　　五香粉 5 克　　芝麻油 50 克　　味精 3 克

【选料】选用肥兔子肉 5 000 克。

【制作】

1. 先将白酒、川盐、姜汁、白糖、花椒、五香粉混合，均匀抹在兔肉上，放入腌缸内。冬天约腌二天，中途翻动一次，取出腌缸晾 3~4 天即成。

2. 将风兔清洗干净，入笼蒸熟。斩成 5 厘米长、2 厘米宽的骨牌块，放入圆盘中摆成高桩碟子形。刷上调匀的芝麻油、味精即成。

【风味特点】

肉质细嫩，味浓鲜香。

【注意事项】

要选用肉质肥嫩的仔兔。

【学习要求】

1. 川盐和调料的用量要合理。

2. 装盘时，要斩条均匀，刷匀芝麻油，摆形美观。

【讨论复习题】

风兔为什么要蒸熟而不用煮熟？

冷

菜

55. 酱肉（酱香味型）

【烹法】腌、蒸

【主料】猪腿肉 2 500 克

【调料】五香粉 6 克　　　醪糟汁 50 克　　　白糖 100 克

　　　　甜酱 200 克　　　胡椒粉 3 克　　　川盐 100 克

【选料】选用无骨二刀猪腿肉。

【制作】

1. 将猪肉皮上的残毛除净，切成大长条。

2. 把川盐炒热，加五香粉 3 克、醪糟汁、胡椒粉、白糖 50 克混合后均匀涂抹于肉上，肉厚部位用竹签插些小孔以便入味，放于缸中腌 5~7 天，每三天翻一次缸。出缸后，挂在通风处晾干，再将甜酱、白糖、五香粉混合，分三次均匀涂抹在肉条上，干后又抹，直到抹完为止。

3. 晾干的酱肉出现盐霜时，洗去甜酱，入笼蒸熟，切成 6 厘米长、3 厘米寸宽、2 毫米厚的片，装盘上桌即成。

【风味特点】

色泽红黄，酱香可口。

【注意事项】

不要用冷水洗肉，肉厚处和带骨的部位要多抹调料。

【学习要求】

要求码味均匀，晾干后的酱肉表面出现盐霜，成菜呈红黄色，美味甜香。

【讨论复习题】

1. 怎样区分制作腌肉与酱肉的相同点和不同点？

2. 酱肉怎么吃，哪种吃法最好？

素菜

56. 珊瑚雪莲（糖醋味型）

【烹法】泡

【主料】净藕 1 000 克

【调料】白糖 150 克　柠檬酸粉 3 克　精盐 3 克　冷开水 2 000 克

【选料】选用嫩藕中节

【制作】

1.藕去节，削洗干净，用直刀切成 2 毫米厚的圆筒片。

2.精盐放入约 1 000 克冷开水中溶化，把藕片放入盐水中淹没，浸渍 1 小时捞起．

3.将 1 000 克冷开水装入瓷盆待用。

4.将浸渍过的藕片放入沸水锅内氽约 1 分钟，捞入瓷盆中漂冷，再捞起滤干水分，放入碗内。

5.白糖放入碗内，用沸水溶化后晾冷，加入柠檬酸粉搅匀，淋在藕片上轻轻拌匀，浸渍 2~3 小时，装盘上桌。

【风味特点】

洁白如雪，质地嫩脆，甜酸爽口。

【注意事项】

1.要选用大小均匀的长条嫩藕。

2.藕要削净皮，洗干净，切出的圆筒片厚薄一致。

3.精盐必须用冷开水溶化。

4.也可用醋精代替柠檬酸粉。

【学习要求】

要求选用新鲜嫩藕，用沸水晾冷浸渍。成菜色白嫩脆，甜酸适口。

【讨论复习题】

藕片为什么要放入盐水中浸泡，作用是什么？

冷

菜

57. 灯影苕片（麻辣味型）

【烹法】炸、拌

【主料】红苕 2 枚

【辅料】菜籽油 500 克（耗 150 克）

【调料】芝麻油 25 克　　红辣椒油 25 克　　白糖 3 克

　　　　花椒面 3 克　　　味精 3 克　　　　川盐 15 克

【选料】选用红心红苕，重约 500 克

【制作】

1. 红苕洗净，修齐两端，切成长 6 厘米、宽 4 厘米的长方形块，再切成极薄不穿花的薄片。

2. 取盆，放入清水 750 克、川盐 5 克调匀，放入苕片浸泡 30 分钟，捞起晾干水分。

3. 取锅置火上，倒入菜籽油烧热，下苕片炸成金红色，分两次炸完，捞起滗干油，放入大碗中。

4. 将红辣椒油 25 克、川盐 5 克、花椒面 3 克、白糖 3 克、芝麻油 25 克、味精 3 克调和均匀，倒入装薯片的碗中轻轻拌和均匀即成。

【风味特点】

此菜色泽金红，酥脆爽口，麻辣回甜，片薄透明，故名"灯影"。其具有粗菜细作的特点。

【注意事项】

必须选用红心红苕，成品色泽金红。

【学习要求】

要求刀工精细，苕片极薄，大小均匀，不穿花，无梯坎。

【讨论复习题】

1. 为什么红苕片要用盐水浸漂？

2. 为什么叫"灯影苕片"？怎样做才符合要求？

58. 罗江豆鸡（咸鲜味型）

【烹法】煮、卷

【主料】黄豆 600 克

【调料】酱油 90 克　　菜籽油 40 克　　芝麻 40 克　　花椒粉 3 克

【选料】选用颗粒饱满大小均匀的干黄豆。

【制作】

1.干黄豆用清水淘洗干净，泡透心后用石磨磨成豆浆汁，滤去豆渣。

2.豆浆汁盛入干净锅内，置于火上烧开，调成小火保持微沸状态，待豆浆表面形成豆皮，用粗长竹筷将豆皮挑起，摊开晾干。

3.芝麻炒熟，大部分压成芝麻粉，与酱油、菜籽油、花椒粉调匀，抹在豆皮上，用手卷叠成 12 厘米长、8 厘米宽、3~4 厘米厚的豆皮筒，放于蒸笼内蒸 30 分钟保证各调料浸透豆皮，取出晾凉，横斜切成 1 厘米宽的片，摆入盘中即成。

【风味特点】

颜色棕黄，绵软干香，咸麻味鲜。

【注意事项】

1.黄豆必须全部泡透，泡的中途要换水 1~2 次，然后磨成细豆浆汁。

2.煮豆浆时，要注意火候，促使豆皮形成。

【学习要求】

1.磨泡黄豆时要做到豆浆汁细腻。

2.准确掌控煮豆浆的火候，保证豆皮成张。

3.调料应抹均匀入味，才能使成菜色香味美。

【讨论复习题】

1.为什么锅内豆浆汁要沸而不腾？

2.怎样卷才能保证豆皮成形？

冷

菜

其他

59. 羊糕（咸鲜味型）

【烹法】蒸

【主料】羊肉 750 克

【辅料】羊网油 250 克

【调料】姜 15 克　　　葱 30 克　　　花椒面 3 克　　　川盐 3 克

　　　　料酒 30 克　　味精 3 克　　葱酱味碟 1 个　芝麻油味碟 1 个

【选料】选用肥肋条羊肉。

【制作】

1. 姜洗净，拍破；葱洗净，绾成结。

2. 羊肉切成 5 厘米长、1 厘米宽的薄片，加入姜、葱、花椒面、料酒、川盐、味精码入味，入笼蒸炟，捡去姜、葱不用。

3. 羊网油在沸水中烫熟，均匀地铺在铝盒内，倒入蒸炟的羊肉，用网油包紧，再用木板盖住，用重物榨压紧实后，取出切成 4 厘米长、1 厘米宽、0.5 毫米厚的片，扇面装盘配葱酱和芝麻油味碟上席。

【风味特点】

肉质细嫩，味道咸鲜。

【注意事项】

1. 羊肉、羊网油要洗净。

2. 羊肉码调料除去异味，码 2~3 小时才入味。

3. 羊网油要烫熟，包好羊肉后要压紧。

【学习要求】

要求除去异味，增加鲜味。

【讨论复习题】

使用哪些调料配制葱酱、芝麻油味碟？

热 菜

RE
CAI

炒

1. 回锅肉（家常味型）

【烹法】煮、炒

【主料】猪后腿肉600克（煮熟后重约300克）

【辅料】化猪油40克　　蒜苗75克

【调料】郫县豆瓣45克　　甜酱25克　　　川盐2克
　　　　白糖5克　　　　酱油10克　　　味精2克

【选料】选用皮薄而肥的二刀肉。

【制作】

1.猪肉去净残毛，刮洗干净，放入汤锅中煮至八成熟，捞出晾凉，然后切成厚0.3厘米、宽4.5厘米、长6.5厘米肥瘦相连的肉片。

2.郫县豆瓣剁细；蒜苗洗净切成马耳形4厘米长的节。

3.炒锅置火上，下化猪油烧至五成热，下肉片加白糖炒至吐油呈灯盏窝儿状，下川盐、白糖、郫县豆瓣炒上色，放入甜酱炒出香味，下入酱油、味精炒匀，加入蒜苗炒至断生，起锅入盘即成。

【风味特点】

回锅肉是四川省传统名菜之一，与蒜苗合炒，成菜红绿相衬，香糯化渣，色味俱佳，微辣回甜、鲜香味浓，有"过门香"之称。无蒜苗季节时，可用葱黄、蒜薹、盐菜或青椒作辅料。

【注意事项】

1.没有猪二刀肉，可选用猪身其他部位肥瘦相连的肉。

2.煮猪肉时，煮熟的猪肉不能太炮，也不宜太硬，以煮至肉皮软糯为宜。

3.切的猪肉片要求厚薄一致，大小均匀。

【学习要求】

要求掌握好火候，成菜色味俱佳。

【讨论复习题】

1.回锅肉应煮到什么程度才合适？

2.哪些菜肴是熟炒的？请举例。

热

菜

2. 雪花鸡淖（咸鲜味型）

【烹法】软炒

【主料】鸡脯肉 125 克

【辅料】鸡蛋 3 枚　熟火腿 10 克　化猪油 150 克　鸡汁 400 克

【调料】川盐 2 克　胡椒粉 3 克　味精 3 克　料酒 10 克　水豆粉 25 克

【选料】老母鸡的净脯肉；煮熟的瘦火腿肉；干净色白的化猪油。

【制作】

1. 熟火腿瘦肉切成细末；鸡蛋敲破，取鸡蛋清倒入碗内搅散起泡。

2. 鸡脯肉剔去筋膜，捶至极茸，分 2 次加入冷鸡汁 100 克解散，加鸡蛋清、料酒、川盐、胡椒粉、味精、水豆粉搅匀成鸡浆。

3. 炒锅洗净置旺火上，下化猪油烧至六成热，鸡浆内再加烧沸的 300 克鸡汁搅匀，倒入油锅，用瓢有序地轻轻推转至鸡浆凝结炒熟，盛入盘内，撒上火腿末即成。

【风味特点】

色白如雪，细嫩咸鲜，可口宜人，营养丰富。

【注意事项】

1. 鸡脯肉必须去净筋膜，捶至极茸。

2. 鸡蛋清搅起泡后与鸡茸搅匀，效果才好。

3. 搅鸡茸用冷鸡汁，分 2 次加入才易解散搅匀。水豆粉在临下锅前放入鸡浆搅匀，效果亦更好。

4. 临下锅时加沸鸡汁搅匀是为了促使鸡浆快速成熟。

【学习要求】

掌握解散鸡茸和对鸡浆的要领，成菜不能染上杂色，要做到色泽雪白，质地滑嫩，不老不煳。

【讨论复习题】

1. 为什么要用老母鸡脯肉，不用公鸡、仔鸡的脯肉？

2. 在操作中，怎样突出鸡淖"雪花"效果？

3. 为什么搅鸡茸要用冷鸡汁，对鸡浆又要用沸鸡汁？

3. 鸡淖鱼翅（咸鲜味型）

【烹法】蒸、软炒

【主料】鱼翅 75 克

【辅料】鸡脯肉 125 克　　鸡蛋 3 枚　　熟火腿 10 克　　化猪油 200 克
　　　　鸡汁 250 克

【辅料】水豆粉 25 克　　川盐 4 克　　胡椒粉 2 克　　料酒 5 克
　　　　鲜汤适量　　　味精 3 克

【选料】选用翅针稍短的鱼翅，老母鸡脯肉。

【制作】

1. 鱼翅用温水泡 15 分钟至软，洗去杂质，放入蒸碗掺鲜汤淹没，上笼旺火蒸 30 分钟取出。炒锅内掺入鲜汤，加料酒 3 克、川盐 3 克烧沸，放入蒸熟的鱼翅汆两次，捞出用鲜汤喂起。

2. 熟火腿切成细末；鸡蛋敲破，将蛋清倒入碗中搅均匀起泡。

3. 鸡脯肉剔去鸡皮和筋膜，捶至极茸，分 2 次加入 100 克冷鸡汁解散，加鸡蛋清、2 克料酒、1 克川盐、胡椒粉、味精、水豆粉搅匀成鸡浆。

4. 炒锅洗净置旺火上，下化猪油烧至六成热，鸡浆内再加 150 克烧沸鸡汁搅匀，倒入热油锅，用炒瓢轻轻来回推转均匀炒熟，先盛一半入盘中，同时将鱼翅再喂汤一次，捞出沥干倒入锅中与余下的鸡淖混合炒匀，盛于盘内鸡淖面上，撒上火腿末即成。

【风味特点】

成菜白底红面，鸡淖细嫩，鱼翅软糯，咸鲜可口，营养丰富。

【注意事项】

1. 鱼翅发好后用料酒、鲜汤多汆几次。鱼翅放入鸡淖时，要快速翻炒，在锅内炒的时间不宜过久。

2. 炒鸡淖的炒锅一定要洗干净。

3. 对鸡浆的水豆粉亦可临下锅时才放入搅匀。

【学习要求】

成菜色彩鲜艳，质地泡嫩，成形美观。熟练掌握鱼翅喂汤的过程。

【讨论复习题】

1. 鱼翅不上笼蒸能否发好？

2. 为什么加工海产品一定要求把原材料喂好？

3. 鸡茸没有捶好会出现什么状态，造成何种后果？

4. 按照本菜的做法，还能做出哪些鸡淖菜肴？

热

菜

67

4. 白油猪肝（咸鲜味型）

【烹法】炒

【主料】猪肝 200 克

【辅料】化猪油 125 克　　水发木耳 35 克　　小白菜心 20 克

【调料】葱白 25 克　　　泡姜 5 克　　　泡红辣椒 2 根　　蒜 5 克

　　　　川盐 3 克　　　　酱油 10 克　　　料酒 5 克　　　　味精 3 克

　　　　胡椒粉 2 克　　　水豆粉 15 克　　鲜汤少许

【选料】新鲜猪肝 200 克

【制作】

1. 葱白洗净，切成马耳朵形；泡姜，切成片；蒜去皮，切成小薄片；水发木耳淘洗干净，去尽杂质；泡红辣椒去柄、籽，切成马耳朵形；小白菜心淘洗干净，滤干水分，切成 5 厘米长的段。

2. 猪肝洗净，去除膜筋，滤干水分，切成 3 毫米厚的柳叶片，放川盐，码干芡。

3. 将酱油、味精、胡椒粉、水豆粉 5 克，加少许鲜汤对成滋汁。

4. 炒锅置旺火上，下化猪油烧至七成热，倒入猪肝片炒散，下泡姜片、蒜片、泡红辣椒、料酒翻炒几下，再倒入水发木耳、马耳朵葱、小白菜心等翻炒均匀，烹入滋汁统汁、亮油，起锅装盘即成。

【风味特点】

肝片鲜嫩，木耳滑脆，配以小白菜心后的成菜清香爽口，鲜美异常。

【注意事项】

1. 肝片不能切得太薄，要求厚薄大小均匀。

2. 码芡的水豆粉不能太稀，否则影响成菜效果。

【学习要求】

1. 制作的肝片散籽，亮油，保持其鲜嫩度。

【讨论复习题】

1. 能否使用菜籽油制作白油猪肝，为什么？

2. 在切配时要求肝片厚薄一致的目的是什么？

3. 用此操作方法、配料、调料还可烹制哪些菜肴？

5. 鱼香肉丝（鱼香味型）

【烹法】炒

【主料】肥瘦猪肉 200 克

【辅料】混合油 80 克　　木耳 50 克

【调料】葱花 25 克　　　蒜 15 克　　　姜 6 克　　　泡红辣椒 3 根
　　　　川盐 2 克　　　　醋 12 克　　　白糖 12 克　　酱油 15 克
　　　　水豆粉 30 克　　味精 3 克　　　鲜汤 40 克

【选料】猪前夹肉或猪里脊肉，加 20% 的肥肉丝。

【制作】

1. 猪肉用清水洗净，切成二粗丝入碗内，放川盐码芡。

2. 姜、蒜切成细米。泡红辣椒剁成细茸。木耳水发后淘洗干净，切成粗丝。

3. 将白糖、醋、酱油、水豆粉、鲜汤、味精对成滋汁。

4. 炒锅置旺火上，放混合油烧至八成热，下肉丝快速炒散，下泡红辣椒茸熠出红色、下姜米、蒜米炒香，加入木耳丝、葱花，烹入对好的滋汁，推铲炒匀，统汁、亮油起锅装盘即成。

【风味特点】

鱼香味为四川菜系特有的风味，因用豆瓣鱼的调料制作肉丝鱼香味浓所以叫鱼香肉丝。菜肴具有咸甜酸辣味浓郁，姜、蒜、葱味突出的特点，成菜色红亮，味鲜美。

【注意事项】

1. 制作鱼香肉丝，葱花不宜过早加入。

2. 要根据火力的大小决定调制滋汁时鲜汤和水豆粉的用量。

3. 在制作鱼香味时，如油温过高，就要换油；如火力太旺，则将火力及时调低。

【学习要求】

1. 成菜后，菜肴色泽红亮，鱼香味浓，散籽亮油。

2. 成菜后，咸甜酸味适中，突出姜、葱、蒜的味道。

【讨论复习题】

1. 为什么选用猪前夹肉，还要加 20% 的肥肉丝？

2. 如果没有泡红辣椒，还可用什么调料代替？

3. 按此烹调方法还可以烹制哪些菜肴？

4. 怎样才能使成菜色红油亮、鱼香味突出？

热

菜

6. 宫保鸡丁（荔枝味型）

【烹法】炒

【主料】鸡脯肉 250 克

【辅料】混合油 100 克　　花生米 20 克

【调料】红酱油 5 克　　醋 10 克　　　干红辣椒 6 克　　花椒 3 克

白糖 10 克　　葱颗 20 克　　姜片 5 克　　　蒜片 5 克

味精 3 克　　料酒 10 克　　川盐 3 克　　　水豆粉 35 克

鲜汤适量

【选料】选用公鸡鸡脯肉。

【制作】

1. 花生米用开水泡涨去皮，放入油锅内炸脆。干红辣椒去蒂去籽，切成约 1 厘米长的节。

2. 将白糖、醋、红酱油、味精入碗，加适量鲜汤、水豆粉对成滋汁。

3. 将鸡脯肉排松后，切成 1.5 厘米见方的丁，加川盐、水豆粉拌匀码味码芡。

4. 炒锅用旺火炙好，下混合油烧至六成热，下干红辣椒炸至棕红色，下花椒炸一下，立即下鸡丁炒散至发白，烹入料酒，同时下姜、葱、蒜快速炒转，烹入滋汁，加花生米簸转起锅装盘即成。

【风味特点】

色泽棕红，统汁亮油，辣香酸甜，细嫩爽口，荔枝味突出，四川名菜之一。

【注意事项】

1. 鸡丁大小均匀。

2. 对滋汁时，使用的鲜汤用量要合适。

【学习要求】

要求突出荔枝味，质地细嫩，口感鲜香。

【讨论复习题】

1. 对滋汁时，加入鲜汤过多或过少对成菜有什么影响？

2. 花生米要去皮，或用去衣的盐焗花生米。

7. 宫保腰块（荔枝味型）

【烹法】炒

【主料】猪腰 250 克

【辅料】花生米 50 克　混合油 150 克

【调料】干红辣椒 10 克　　花椒 10 多粒　　白糖 10 克　　醋 10 克
　　　　酱油 15 克　　　　红酱油 10 克　　川盐 3 克　　料酒 10 克
　　　　味精 3 克　　　　　水豆粉 30 克　　姜 5 克　　　蒜 5 克
　　　　葱 25 克　　　　　鲜汤适量

【选料】选用新鲜完整的猪腰。

【制作】

1. 猪腰洗干净，撕去膜皮，滤干水分，对剖片去腰骚不用，再切成荔枝块，用川盐加水豆粉码味码芡，待用。

2. 葱洗干净，切成马耳朵形；干红辣椒去柄、籽，切成 1 厘米长的节；姜、蒜分别去皮洗净，切成指甲盖大小的片；花生米用温热水泡涨去衣，入油锅内炸脆。

3. 取碗加入酱油、红酱油、白糖、料酒、醋、味精、水豆粉 15 克、鲜汤，连同姜、葱、蒜对成滋汁。

4. 炒锅置旺火上，放入混合油烧至六成热，放入干红辣椒节炸成棕红色，再放花椒略炸，下入腰块，快速炒散籽翻花，烹入滋汁，统汁亮油，下入花生米起锅装盘即成。

【风味特点】

鲜嫩可口，色泽棕红，形似荔枝，入口香辣略带酸甜味。

【注意事项】

1. 烹制时先将干红辣椒炸成棕红色，立即下花椒但不能炸煳，再下腰块为宜。

2. 切猪腰块时，进刀的深度为猪腰的三分之一，烹制时才能翻花。

3. 码芡时豆粉用量不宜太多，多了影响翻花。

【学习要求】

1. 要求刀法均匀，去净腰骚，刀平光滑。

2. 火候恰当，动作快，保证成菜嫩脆。

【讨论复习题】

1. 切腰块使用花刀的道理是什么？

2. 对腰块与肉片码芡有哪些不同？为什么？

热

菜

8. 核桃泥（甜香味型）

【烹法】炒

【主料】玉米粉 150 克　　核桃仁 50 克　　鸡蛋 5 枚

【辅料】化猪油 200 克　　马蹄 5 颗　　蜜樱桃 20 克　　白糖 250 克

　　　　蜜枣 15 克　　瓜圆 15 克

【选料】玉米粉选用新鲜、无霉烂变质的；核桃仁要选个大饱满，无霉烂的。

【制作】

1. 玉米粉用微火炒香。鸡蛋敲破，取 2 枚鸡蛋的蛋清用力搅成蛋泡，鸡蛋黄另作他用。核桃仁用开水泡涨，撕去外皮，放入油锅内炸酥。马蹄用刀削去外皮，泡于冷水中。

2. 核桃仁、马蹄、瓜圆、蜜枣、蜜樱桃分别剁成绿豆大小的颗粒。

3. 取碗装入 3 枚鸡蛋液和鸡蛋黄、玉米粉、白糖，掺清水 400 克，加核桃仁粒、瓜圆粒、马蹄粒、蜜枣粒搅拌均匀成原料浆。

4. 炒锅置中火上，下化猪油 100 克烧至六成热，倒入调好的原料浆快速翻炒至锅内原料浆呈鱼子蛋形状，吐油不黏瓢，形态滋润时，起锅装盘，在核桃泥上放好蛋泡即成。

【风味特点】

此菜是宴席上的甜菜，香甜化渣、油而不腻，配上蛋泡造型更加美观。

【注意事项】

调浆时注意浆汁的浓稠度，制作时动作要快，火不能过旺，不能黏锅起锅巴。如发现浆汁太干，可适当加一些开水或热汤。

【学习要求】

1. 成菜滋润爽口，甜度适中，酥香肥而不腻，不干不焦。

2. 利用此菜烹制方法，还会制作其他类似菜肴。

【讨论复习题】

1. 玉米粉在制作前应怎样处理？用什么火，炒至什么程度？

2. 在制作桃泥时发现桃泥太干怎么办？太稀又怎么办？

3. 用此种烹调方法还可做哪些菜肴？

9. 醋溜鸡（咸酸味型）

【烹法】家常炒

【主料】鸡肉 250 克

【辅料】净冬笋 100 克   化猪油 125 克

【调料】泡红辣椒 5 根   姜 3 克   蒜 3 克   葱 5 克

　　　　料酒 5 克   酱油 2 克   川盐 2 克   醋 15 克

　　　　白糖 5 克   味精 3 克   水豆粉 20 克   鲜汤适量

【选料】公鸡的腿肉、脯肉均可。

【制作】

1. 净冬笋入沸水煮过，切成梳子背；泡红辣椒去蒂、籽，剁细；姜、蒜洗净，切成米；葱切成葱花。

2. 取碗装入川盐、料酒、白糖、酱油、醋、水豆粉、味精、鲜汤对成滋汁。

3. 将鸡肉用直刀剖十字花刀后切成长 3 厘米、宽 2 厘米的条块，用川盐、料酒、水豆粉码匀。

4. 炙锅后，锅置旺火上，下化猪油烧至六成热，下码好味的鸡肉条快速炒至散籽，加入剁细的泡红辣椒茸炒至油呈红色，再放入冬笋块、葱花、蒜米、姜米略炒，烹入对好的滋汁，加适量的鲜汤炒转簸匀起锅即成。

【风味特点】

鸡肉鲜嫩爽口，味微辣，有较浓的醋香味。

【注意事项】

一定要选用公鸡的肉，冬笋要用开水煮透。

【学习要求】

1. 会选鸡肉，切鸡肉块的刀法熟练，切的鸡肉块大小均匀。

2. 掌握炒鸡肉的火候，作到嫩而不生，色泽红亮，亮油不亮汁。

【讨论复习题】

1. 怎样区别老鸡和嫩鸡？

2. 不用冬笋还可使用什么作辅料？

3. 本菜与辣子鸡丁、白油鸡丁在制作和成菜上有哪些不同？

热

菜

10. 小煎鸡（家常味型）

【烹法】炒

【主料】公鸡肉 250 克

【辅料】净冬笋 100 克　　芹黄 25 克　　混合油 100 克

【调料】马耳葱 15 克　　泡红辣椒 3 根　　姜 5 克　　蒜 5 克
川盐 3 克　　酱油 10 克　　醋 3 克　　料酒 10 克
味精 3 克　　胡椒粉 2 克　　白糖 3 克　　水豆粉 20 克
鲜汤少许

【选料】选用公鸡或母鸡的净肥嫩肉。冬笋也选用嫩的。

【制作】

1. 姜洗净，去皮切成片；蒜切成片；葱洗净，切成马耳朵形；芹黄切成小节；泡红辣椒切成小节；冬笋切成 3 厘米长、8 毫米宽的一字条。

2. 鸡腿去骨，用刀背排松，剞成荔枝花刀后，斩成 3 厘米长、1.5 厘米宽的一字条，盛于碗内，放川盐、水豆粉码匀。

3. 取碗装入酱油、醋、味精、胡椒粉、白糖、水豆粉，加少许鲜汤对成滋汁。

4. 锅置旺火上烧热，下混合油烧到七成热，将码好芡的鸡肉倒入锅内快速炒散籽，烹料酒，下泡红辣椒节、姜、蒜片微炒，再下冬笋、芹黄和马耳葱，随即烹入对好的滋汁簸炒均匀，统汁、亮油起锅，装盘即成。

【风味特点】

鸡肉细嫩，味道鲜美，颜色棕红，辣而不燥。

【注意事项】

1. 花刀鸡肉时要求深透不断，块条均匀。

2. 不能选用老鸡肉。

3. 此菜用醋为增香，用糖为复合滋味，故糖、醋不能重用。

【学习要求】

要求掌握好火候，色红汁浓亮油，肉质鲜嫩。

【讨论复习题】

1. 小煎鸡的主料为什么要用花刀？

2. 选料中，除选嫩鸡腿肉外，还能选用哪些部位的鸡肉？

3. 烹制小煎鸡时应采用哪种油温？

11. 青椒肉丝（咸鲜味型）

【烹法】炒

【主料】猪瘦肉 250 克

【辅料】青椒 75 克　　化猪油 75 克

【调料】川盐 5 克　　料酒 5 克　　味精 3 克　　酱油 5 克
　　　　水豆粉 10 克　　鲜汤 50 克

【选料】选净猪瘦肉。

【制作】

1. 青椒洗净，切成 2 毫米粗的丝。猪瘦肉切成二粗丝，盛入碗内加川盐 3 克、水豆粉 5 克拌匀码味码芡。

2. 取碗装入川盐、味精、酱油、水豆粉、鲜汤对成滋汁。

3. 炒锅置旺火上，下化猪油烧至七成热，下码好的肉丝炒散籽，烹入料酒，加青椒丝炒熟，烹入滋汁，颠簸几下起锅装盘即成。

【风味特点】

色泽美观，质嫩味鲜。

【注意事项】

1. 选用刚上市的质地新鲜、无辣味的二金条嫩青椒。

2. 青椒不要炒得过熟，要求刚断生为宜。

【学习要求】

1. 要求掌握好火候，成菜色泽翠绿，肉质鲜嫩。

2. 掌握火候恰当，质嫩味鲜。

【讨论复习题】

如何做到青椒肉丝清香爽口，色泽美观?

热

菜

75

12. 辣子鸡丁（家常味型）

【烹法】炒

【主料】鸡脯肉 200 克

【辅料】马蹄 5 颗

【调料】川盐 3 克　　水豆粉 25 克　　料酒 5 克　　酱油 5 克

　　　　醋 2 克　　　姜 5 克　　　　葱白 10 克　　蒜 5 克

　　　　泡红辣椒 2 根　　味精 3 克　　化猪油 50 克　鲜汤 35 克

【选料】用新鲜的鸡脯肉。

【制作】

1. 用刀把鸡脯肉上面的一层筋膜皮片去，再用刀跟尖劁几下，鸡肉切成 1.5 厘米见方的丁。

2. 马蹄洗净，去皮切成 1.5 厘米见方的丁。姜、蒜洗净切片，葱白洗净切颗。泡红辣椒用刀剁细。

3. 鸡肉丁装碗内，加水豆粉、川盐、料酒拌匀码味码芡。碗内加入料酒、酱油、水豆粉、味精、鲜汤、醋对成滋汁。

4. 锅置旺火上，下化猪油烧至七成热，放入鸡丁炒散籽，随即加入泡红辣椒茸翻炒均匀，鸡丁变成红色时将姜、葱、蒜、马蹄丁倒入锅内炒两下，将滋汁搅匀享入锅内，再翻炒一下，滴醋簸匀装盘即成。

【风味特点】

颜色红亮，质地细嫩，微辣味香。

【注意事项】

1. 鸡肉亦可用鸡腿肉，加工时先要用刀跟尖不规则地轻劁，不要劁穿，然后切成丁。

2. 泡红辣椒必须剁细。

3. 鸡丁起锅时要滴少许醋，以去腥增鲜。

【学习要求】

做到菜色红亮，质地细嫩，微辣鲜香。

【讨论复习题】

1. 烹炒此菜，成菜颜色不红怎么办？

2. 本菜与花仁鸡丁的烹制方法有无区别？

3. 怎样才能做到成菜色红而味不辣，亮油不亮汁？

13. 辣子肉丁（家常味型）

【烹法】炒

【主料】猪瘦肉 200 克

【辅料】菜籽油 100 克　　净莴笋 50 克

【调料】葱颗 25 克　　泡红辣椒 2 根　　姜片 5 克　　蒜片 5 克
　　　　红酱油 10 克　醋 5 克　　　　川盐 2 克　　料酒 5 克
　　　　味精 3 克　　水豆粉 25 克　　鲜汤适量

【选料】选用弹子肉。

【制作】

1. 莴笋去皮洗净，切成 1 厘米见方的丁；泡红辣椒剁细。

2. 猪瘦肉切成 1.2 厘米见方的丁，加川盐、料酒、水豆粉拌匀码味码芡。

3. 红酱油、味精、水豆粉装入碗里，加入适量鲜汤对成滋汁。

4. 炒锅置旺火上，下菜籽油烧至七成热，放入肉丁炒至散籽发白，加入泡红辣椒茸翻炒至肉丁呈红色，放入莴笋丁炒匀，加入姜片、葱颗、蒜片炒出香味，烹入滋汁，统汁亮油，加醋 2 克炒匀，起锅装盘即成。

【风味特点】

颜色红亮，辣而不燥，质地细嫩。

【注意事项】

1. 肉丁、莴笋丁的大小应一致。

2. 主料换为鸡肉丁，即为"辣子鸡丁"。

【学习要求】

莴笋丁大小均匀，亮油散籽，成菜颜色红亮，质地细嫩。

【讨论复习题】

1. 为什么肉要切成 1.2 厘米见方的丁，而莴笋切成 1 厘米见方的丁？

2. 辣子肉丁的调味与调制鱼香味有哪些异同之处？

热

菜

14. 酱肉丝（酱香味型）

【烹法】炒

【主料】肥瘦猪肉 250 克

【辅料】化猪油 80 克

【调料】葱 15 克　　　酱油 8 克　　　甜面酱 10 克　　　白糖 2 克
　　　　味精 3 克　　　鲜汤 20 克　　　水豆粉 20 克　　　川盐 2 克

【选料】选用肥三瘦七的猪肉。

【制作】

1. 猪肉洗净去筋，切成 6 厘米长的二粗丝，加川盐、酱油 5 克、水豆粉码味码芡。

2. 葱白择洗干净，切成 5.5 厘米长的细丝。

3. 白糖、酱油、味精、水豆粉、鲜汤对成滋汁。

4. 锅置旺火上，下化猪油烧至六成热，下肉丝炒散籽，放入甜酱炒香，烹入滋汁、统汁亮油，肉丝呈深褐色时，起锅入盘，撒上葱白丝即成。

【风味特点】

颜色深褐，肉质细嫩，酱香味浓。

【注意事项】

1. 要选用没有白筋的鲜猪肉，肉丝要求长短、粗细一致。

2. 肉丝码水豆粉不宜过干，要求稀和均匀。

3. 烹制时动作要快，以免炒绵、不嫩。

4. 葱白只能切成细丝。

5. 肥肉丝约占三成、瘦肉丝七成，除去白筋。

【学习要求】

要求色泽均匀，质地细嫩，散籽亮油。

【讨论复习题】

1. 甜酱入锅前最好用什么搅散？甜酱在本菜中有什么作用？

2. 葱白丝放在菜面上起什么作用？

3. 炒酱肉丝与炒肉片有无区别？

15. 韭黄肉丝（咸鲜味型）

【烹法】炒

【主料】猪瘦肉 250 克

【辅料】韭黄 150 克　　菜籽油 100 克

【调料】川盐 5 克　　　酱油 10 克　　姜 3 克　　　料酒 10 克

味精 3 克　　　醋 2 克　　　鲜汤 30 克　　水豆粉 20 克

【选料】选用猪里脊肉或猪腿瘦肉。

【制作】

1.韭黄洗净，切成 3 厘米长的节；姜洗净，切成丝。

2.猪瘦肉切成二粗丝，加川盐 2 克、水豆粉 5 克码味码芡。

3.川盐、酱油、醋、味精、水豆粉、鲜汤对成滋汁。

4.锅置旺火上，下菜籽油烧至七成热，下肉丝迅速炒至散籽现白色，放入姜丝、料酒炒匀，加入韭黄炒断生，烹入滋汁，统汁亮油，起锅装盘即成。

【风味特点】

色泽美观，清香鲜嫩。

【注意事项】

1.猪瘦肉要去掉白筋。

2.韭黄不用叶尖部分。

3.熟练掌握烹制火候。

【学习要求】

此菜使用滋汁要适量。成菜要达到亮汁亮油，鲜嫩清香。

【讨论复习题】

1.如何掌握好火候？

2.怎么样才能使韭黄肉丝口感嫩爽？

热

菜

16. 生爆盐煎肉（家常味型）

【烹法】炒

【主料】去皮猪腿尖肉 250 克

【辅料】蒜苗 100 克　　混合油 100 克

【调料】郫县豆瓣 25 克　　川盐 1 克　　豆豉 10 克　　白糖 3 克

　　　　料酒 10 克　　　　酱油 2 克　　味精 3 克

【选料】选用猪的腿尖肉。

【制作】

1. 将蒜苗洗净切成 5 厘米长的段。郫县豆瓣剁细。

2. 猪肉洗净去皮，切成约 5 厘米长、2.5 厘米宽、1 毫米厚的片。

3. 炒锅置旺火上炙后，卜混合油烧至六成热，放肉片煎炒至吐油，烹入料酒，放入郫县豆瓣煎炒至肉片呈红色时加入豆豉、酱油、味精、白糖合炒后，放蒜苗，加川盐炒断生，装盘即成。

【风味特点】

颜色红亮，咸鲜微辣。

【注意事项】

1. 蒜苗头用刀划破切成段或切成马耳朵形。

2. 郫县豆瓣剁细，以便上色。

3. 在无蒜苗时节，可用蒜片、大葱、青椒、豆腐干等代替。

4. 烹制时火候不宜过大。

【学习要求】

成菜做到色泽微红，质地细嫩，微辣清香。

【讨论复习题】

煎炒此菜与炒肉丝有什么不同？

17. 炒杂拌（咸鲜味型）

【烹法】炒

【主料】猪肝 50 克　　猪瘦肉 50 克　　猪腰 50 克　　净猪肚头 50 克

【辅料】水发兰片 25 克　水发木耳 25 克　豌豆尖 25 克　化猪油 125 克

【调料】川盐 3 克　　　泡红辣椒 2 根　　料酒 4 克　　　酱油 5 克

　　　　葱 15 克　　　姜 10 克　　　　味精 3 克　　　水豆粉 20 克

　　　　鲜汤 25 克

【选料】选用新鲜猪肝、鲜猪腰、鲜猪肚头、鲜猪瘦肉。

【制作】

1. 水发兰片洗净，切成薄片；姜、葱洗净，姜切成片，葱切成马耳形；泡红辣椒切成马耳形；猪肝、瘦肉、肚头切成薄片；猪腰切成腰花。

2. 将猪腰、猪肝、猪肚头、肉片加川盐、料酒、水豆粉码味码芡。

3. 酱油、川盐、味精、水豆粉、鲜汤对成滋汁。

4. 炒锅炙后放于旺火上，下化猪油烧至六成热，放猪肝、猪腰、猪肉、猪肚头炒散籽发白，加入木耳、水发兰片、泡红辣椒、葱、姜、豌豆尖炒几下，烹入滋汁，簸转起锅装盘即成。

【风味特点】

菜肴脆嫩，味鲜微辣。

【注意事项】

1. 猪肝还可切成柳叶片，猪肚片成薄片。

2. 把握好火候，使菜品口感嫩脆。

【学习要求】

会切柳叶片；烹制的成菜脆嫩微辣。

【讨论复习题】

1. 为什么炙锅？炙锅有什么作用？

2. 烹制本菜时，怎样才能做到猪肚头脆嫩？用什么火候恰当？

热

菜

18. 八宝锅蒸（甜香味型）

【烹法】炒

【主料】面粉 200 克　　白糖 200 克

【辅料】化猪油 200 克　　马蹄 5 颗　　蜜樱桃 30 克　　蜜瓜片 15 克

蜜枣 15 克　　橘红 15 克　　核桃仁 15 克

【选料】选用上等面粉。

【制作】

1.蜜瓜片、蜜樱桃、蜜枣、橘红、马蹄分别切成绿豆般大小的粒。核桃仁入清水泡后去衣，油炸后剁碎。

2.炒锅置中火上，下猪油烧至四成热，放入面粉炒至黄色，掺沸水 300 克搅匀，加入白糖再炒 1 分钟，至炒面粉香味逸出呈沙粒状时，放入蜜饯料、核桃仁炒匀，起锅入盘即成。

【风味特点】

酥香嫩脆，味甜美观。

【注意事项】

1.炒制时要掌控好火候，勤铲翻动，防止面粉黏锅被炒焦，影响成菜质量。

2.如做清真菜式，则用菜籽油炒制，不可使用猪油。

【学习要求】

1.此菜的八宝配料，可根据实际情况用菜籽油炒制，而不使用猪油。

2.学会操作过程，成菜做到酥香嫩脆甜。

【讨论复习题】

1.马蹄在本菜中起的作用是什么？

2.制作锅蒸在辅料使用上有哪些变化？

19. 白油肉片（咸鲜味型）

【烹法】炒

【主料】猪肥瘦肉 150 克

【辅料】净青笋 75 克　　　水发木耳 25 克　　　猪化油 50 克

【调料】泡红辣椒 1 根　　葱 20 克　　姜 10 克　　蒜 10 克

　　　　川盐 2 克　　　味精 3 克　　胡椒粉 5 克　　水豆粉 20 克

　　　　料酒 10 克　　　高汤 25 克

【选料】选用无骨无皮的猪肥瘦肉

【制作】

1. 姜、蒜去皮洗净，切成指甲片；泡红辣椒去蒂籽，切成马耳形；葱洗净，切成马耳形。

2. 猪肥瘦肉切成 5 厘米长、4 厘米宽、0.1 厘米厚的薄片；青笋切成菱形片。

3. 将肉片盛入碗内，加少许川盐、料酒、味精、水豆粉码匀。

4. 将川盐、味精、胡椒粉、水豆粉、料酒、高汤盛入另一碗内对成滋汁待用。

5. 锅置旺火上，下化猪油烧至六成热，肉片入锅速炒散籽，随后将葱、姜、蒜、水发木耳、青笋等放入炒匀，再将对好的滋汁烹入，翻炒数下起锅装盘即成。

【风味特点】

色泽素雅，肉嫩味鲜。

【注意事项】

1. 青笋要先码少许盐。

2. 水豆粉干稀要恰当。

3. 炒菜时要做到红锅温油。

【学习要求】

肉片要厚薄均匀，成菜洁白滑嫩。

【讨论复习题】

1. 白油肉片与炒肉片的不同之处在哪里？

2. 根据这道菜的做法还可以烹制哪些菜？

3. 可以用什么原料代替青笋？

热

菜

20. 宫保肉花（荔枝味型）

【烹法】炒

【主料】猪瘦肉 200 克

【辅料】油酥花仁 15 克　　混合油 100 克

【调料】红酱油 5 克　　酱油 5 克　　料酒 10 克　　味精 3 克
白糖 10 克　　醋 10 克　　水豆粉 20 克　　姜片 5 克
蒜片 5 克　　葱白 15 克　　川盐 3 克　　干红辣椒 10 克
花椒 10 粒

【选料】猪里脊肉

【制作】

1. 干红辣椒去柄去籽，切成 1 厘米长的节；葱白洗净，切成马耳朵形。

2. 里脊肉去筋，片成 4 厘米厚的肉片，用直刀剞十字花形，切菱形块，放入碗内加川盐、味精、料酒、水豆粉码味码芡。

3. 川盐、料酒、红酱油、酱油、白糖、醋、味精、水豆粉、好汤装碗内对成滋汁。

4. 旺火炙锅，混合油入锅烧至七成热，先后投入干红辣椒节、花椒炒成棕红色，将码好的肉花倒入锅中，快速炒散至断生，再下马耳葱、姜片、蒜片翻炒几下，烹入滋汁，继续翻炒数下起锅装盘即成。

【风味特点】

肉质滑嫩，味道香辣，微甜酸、色棕红，佐酒下饭均宜。

【注意事项】

1. 必须选用净里脊肉，要去净筋膜，才能保证肉质鲜嫩。

2. 肉花要刀功均匀，保证大小厚薄一致。

3. 肉花码芡不能太干。

4. 炒菜时热锅温油，干红辣椒节、花椒粒不能炒煳。

【学习要求】

亮油现花，颜色深红，突出香辣味，微带甜酸。

【讨论复习题】

1. 采用宫保肉花的烹制流程，还可做些什么菜？

2. 要做到肉散开现出肉花，有哪些注意事项？

3. 码芡的干稀程度对成菜的质量有什么影响？

21. 肉松（咸鲜味型）

【烹法】煮、炒、烘

【主料】净瘦肉 5 000 克

【调料】川盐 100 克   料酒 300 克   葱 25 克   姜 25 克

        花椒 5 克   八角 5 克   茴香 5 克   白糖 100 克

        芝麻油 200 克

【选料】选用猪后腿净瘦肉。

【制作】

1.将猪瘦肉洗净，去净肥膘肉，剔净筋膜，将肉横切成骨牌片或小条。

2.锅洗干净，放肉片，加盐、料酒、白糖、葱、姜、花椒、八角、茴香，掺清水高于肉面 6 厘米，置中火上烧开，中途撇去血沫、浮油 4~5 次，并用锅铲翻动防止肉黏锅底。烧沸约 30 分钟后移至小火上继续烧煮，直至肉熟透时捞起，晾干水分，将肉撕扯成碎粗条后用干净布将碎肉条包好，用手压在桌上揉搓磨细。

3.再将锅置于小火上，放入磨细的肉炒烘，不断用瓢翻动，至炒烘酥松为止。

4.另取一口干净锅，置小火上，倒入芝麻油烧至微温，再入肉松炒烘至滋润酥松起锅晾凉即成。

【风味特点】

颜色金黄，酥香爽口。

【注意事项】

1.肉汁干时，再置小火上炒烘，肉愈干愈松。

2.可以不加芝麻油炒烘，肉松炒烘至酥松干香起锅即成。

【学习要求】

掌握熟悉操作过程，炒烘至金黄色干香酥松。

【讨论复习题】

1.怎样切猪瘦肉？

2.做好肉松的关键在哪个环节？怎样才能起松？

热

菜

细
做
川
菜

22. 香糟火腿（香糟味型）

【烹法】蒸

【主料】净熟火腿肉 500 克

【调料】白糖 100 克　　醪糟汁 100 克

【选料】选用熟火腿肉上的梭板肉。

【制作】

1. 将熟火腿肉切成 6 厘米长、4 厘米宽、3 毫米厚的片，在蒸碗内摆成三叠水形状，撒上白糖，淋醪糟汁。

2. 入笼蒸大约 15 分钟，取出翻入盘内上桌即成。

【风味特点】

色泽金黄，美观大方，糟味鲜香。

【注意事项】

1. 切成的火腿片应大小均匀，长短一致。

2. 火腿入笼一定要蒸熟入味，才能出笼。

【学习要求】

要求火腿切片均匀，装盘时摆好成三叠水形状。

【讨论复习题】

怎样才能突出糟味？

23. 香糟鸡块（香糟味型）

【烹法】蒸

【主料】净熟母鸡 1 只（约 3 份）

【调料】川盐 20 克　　胡椒粉 3 克　　醪糟汁 100 克　　白糖 50 克

　　　　生鸡油 75 克　　味精 3 克

【选料】选取去尽内脏，已经煮熟的母鸡 1 只，重约 1 750 克

【制作】

1. 将净熟母鸡斩成 6 厘米长、3 厘米宽的条块，入蒸碗摆成一封书形。

2. 将川盐、胡椒粉、醪糟汁、白糖、味精混合均匀，倒入蒸碗内，最上面放生鸡油，入笼蒸 15 分钟左右取出，捡去鸡油，翻扣装入餐盘内，即可上桌。

【风味特点】

肉质细嫩，香糟味鲜。

【注意事项】

调料比例合适，突出醪糟汁味。

【学习要求】

1. 斩条整齐，装盘美观

2. 掌握好入笼蒸制时间，不宜久蒸。

【讨论复习题】

1. 怎样才能摆好"一封书"形状？

2. 胡椒粉在糟味中起什么作用？

热

菜

87

24. 咸烧白（咸鲜味型）

【烹法】煮、蒸

【主料】五花猪肉 500 克

【辅料】菜籽油 1500 克（耗 15 克）　芽菜 150 克

【调料】泡红辣椒 4 根　　豆豉 15 克　　　川盐 3 克　　　酱油 10 克

花椒 5 颗　　　红酱油 10 克　　料酒 5 克　　味精 3 克

饴糖适量

【选料】选用新鲜的五花猪肉，优质的宜宾芽菜和太和豆豉。

【制作】

1. 猪肉刮洗干净，放入汤锅内煮至断生捞出，用毛巾擦干肉皮的水分，趁热抹上饴糖。

2. 将抹好饴糖的猪肉放入八成热油锅中炸成棕红色，再放入汤锅中浸泡，使猪皮回软，捞起晾干后将猪肉切成 8 厘米长、4.5 厘米宽、0.5 厘米厚的片，用蒸碗整齐摆装成一封书形。

3. 芽菜淘洗干净，挤干水分，切成 2 厘米长的节；泡红辣椒切成节。

4. 将川盐、花椒、味精、红酱油、酱油、料酒和泡辣椒节、豆豉加芽菜节拌和均匀放入装有猪肉片的蒸碗中。入笼内，用沸水旺火蒸约 1 小时 30 分钟至炻糯，出笼翻扣盘内即成。

【风味特点】

此菜系四川地区民间传统菜，咸香软糯化渣，形状整齐美观，肥而不腻，老幼皆宜。

【注意事项】

1. 炸猪肉时，颜色不能炸得太深。

2. 猪肉切片时，要求厚薄长短一致。

3. 咸烧白切成 8 厘米长的肉片，每份切 12 片或 16 片。

4. 可用白糖或冰糖炒制的糖色代替饴糖。

【学习要求】

1. 要正确选好主料、配料、调料，并能正确出胚。

2. 掌握咸烧白猪肉片切的大小，每份大约装多少片？

3. 掌握好蒸咸烧白的火候程度。

4. 要求装碗整齐不乱，大方美观。

热

【讨论复习题】

菜

1. 咸烧白出胚时为什么要擦干水分？趁热上色的道理是什么？

2. 咸烧白有几种？它们有哪些不同？

3. 哪几种食材可以做咸烧白的底菜？新鲜叶类蔬菜是否可以做底

菜？

25. 糟蛋鸭块（香糟味型）

【烹法】蒸

【主料】净熟鸭 750 克（约 3 份）

【调料】糟蛋 2 枚　　芝麻油 50 克　　料酒 25 克　　胡椒粉 3 克

味精 3 克　　清汤适量

【选料】选用肥嫩、煮熟的鸭 1 只。

【制作】

1. 将鸭子斩成 6 厘米长、3 厘米宽的鸭条，鸭皮朝下，放入蒸碗里摆成"卐"字形。

2. 糟蛋去壳，捣成蛋浆，与芝麻油、味精、胡椒粉、料酒对成浆汁。若浆汁太浓，可以加适量清汤调成稀汁，均匀抹在鸭条上。

3. 用牛皮纸将抹汁后的鸭条封好，入笼蒸 15 分钟，取出捡去牛皮纸，翻扣在盘里即可上桌。

【风味特点】

鸭肉细嫩，入口化渣，糟香味浓。

【注意事项】

1. 注意糟蛋用量与主料用量比例，突出糟香味。

2. 可以将调料汁调得稍微浓稠一点，以便入味。

【学习要求】

菜形大方，入味化渣。

【讨论复习题】

1. 怎样摆好"卐"字形，使成菜大方美观？

2. 糟蛋、料酒在调味汁中居什么地位，分别起什么作用？

3. 胡椒粉在调味汁中起什么作用？

26.白汁鸡糕（咸鲜味型）

【烹法】蒸

【主料】母鸡脯肉 200 克

【辅料】猪肥膘 100 克　　鸡蛋 3 枚　　化鸡油 15 克　　奶汤 250 克
　　　　蘑菇 10 克　　　水发兰片 15 克　　　豌豆尖苞 10 朵

【调料】川盐 5 克　　胡椒粉 3 克　　味精 3 克　　水豆粉 20 克

【选料】肥母鸡脯肉；猪肥膘肉要新鲜，无筋膜。

【制作】

1. 将母鸡脯肉和猪肥膘肉分别去皮、筋、膜，捶成茸。水发兰片切成 6 厘米长、3 厘米宽的片；蘑菇切成片，入沸水汆后漂凉。

2. 鸡肉茸放入大碗内，分两次加入清水 50 克搅散，加 1 枚鸡蛋清搅匀，又加 2 枚鸡蛋清搅匀，再加入肥膘茸搅匀，最后加水豆粉、川盐、味精、清水 100 克搅匀，制成鸡糁。

3. 将平盘均匀地抹上猪油，倒入鸡糁，擀平成厚约 3 厘米的方形，入蒸笼内约蒸 6 分钟取出晾凉成鸡糕。将鸡糕切成 6 厘米长、3 厘米宽、0.5 厘米厚的片，放入条盘内摆成"三叠水"，上笼蒸熟。

4. 炒锅洗净置旺火上，掺入奶汤，放入胡椒粉、川盐、兰片、蘑菇片烧沸，加入味精、豌豆尖苞，用水豆粉勾成薄芡，下化鸡油，淋在已蒸熟的鸡糕上即成。

【风味特点】

形美色艳、质嫩味鲜、营养丰富。

【注意事项】

1. 鸡脯肉、猪肥膘肉用清水漂净血水，揾干水分，反复捶成细茸，捶时注意清洁卫生，不能被污染。

2. 辅料可用鲜菜心代替豌豆尖苞，蘑菇可用罐头蘑菇，如增加番茄片，效果亦佳。

3. 上笼用中火蒸，时间不能蒸久了，以防止上水。

【学习要求】

掌握捶茸的技巧，掌握好蒸鸡糕的火候，学会熟练装盘，浇淋芡汁。

【讨论复习题】

1. 打糁的肉茸都要捶极茸，去净筋缠的原因是什么？

2. 鸡糕除了摆成"三叠水"外，还可以摆成哪些形状？

3. 鸡糕可"软炸""鲜熘"吗？请详细讲述制作过程。

热

菜

27. 粉蒸肉（家常味型）

【烹法】粉蒸

【主料】猪五花肉 500 克

【辅料】大米 100 克　鲜豌豆 200 克

【调料】姜米 10 克　豆腐乳汁 15 克　醪糟汁 15 克　红酱油 25 克
　　　　花椒 10 颗　菜籽油 5 克　料酒 15 克　川盐 3 克
　　　　鲜汤适量　胡椒粉 3 克　郫县豆瓣 15 克　白糖 10 克
　　　　葱白 6 克　糖色 30 克

【选料】选用 9 厘米见方、肥瘦相连、皮薄的猪五花肉或者保肋肉一方；选用新鲜嫩豌豆。

【制作】

1. 猪肉去尽余毛，刮洗干净，切成 7 厘米长、0.5 厘米厚的片；豌豆用清水淘洗干净，滤干水气。大米炒香，磨成米粉。

2. 花椒、葱白混合剁细；郫县豆瓣剁成细茸和肉片拌和均匀，再加糖色、姜米、豆腐乳汁、醪糟汁、红酱油、菜籽油、料酒、白糖、胡椒粉、米粉拌匀，并适当加些鲜汤拌匀，将肉片依次整齐地摆入蒸碗内成一封书，新鲜豌豆拌上川盐、米粉装在肉片的面上，放入蒸笼内用旺火蒸 1.5 小时至熟，取出翻扣盘中即可上桌。

【风味特点】

粉蒸肉色泽红亮，味咸甜鲜香，软糯化渣，肥而不腻，佐酒下饭皆宜。

【注意事项】

1. 在冬季调味应稍浓，夏季应稍淡。

2. 炒米的火力应小，避免炒焦，米粉不宜磨太细。

3. 如果在调味时没有使用郫县豆瓣，可加适量的糖色增加粉蒸肉的颜色。

【学习要求】

1. 正确选料，开片均匀，拌和调料和米粉稀稠适度。

2. 能掌握好粉蒸肉的蒸制时间、米粉和肉的比例、蒸肉的成熟度。

【讨论复习题】

1. 为什么粉蒸肉中的米粉不能太细？

2. 粉蒸肉除了豌豆以外，还可用哪些原料做底菜？

3. 本菜用荷叶包上后叫做什么菜？做法与粉蒸肉是否相同？

4. 在拌和米粉时为什么不能拌多？米粉用多了会出现什么情况？

28. 清蒸肥头（姜汁味型）

【烹法】蒸

【主料】肥头鱼 1 尾（重约 1000 克）

【辅料】网油 250 克　熟火腿 25 克　水发口蘑 15 克　豌豆尖 25 克

【调料】川盐 15 克　　胡椒粉 3 克　　姜米 15 克　　葱 25 克

　　　　料酒 20 克　　味精 3 克　　　酱油、醋、芝麻油适量

　　　　鲜汤 300 克

【选料】选用重约 1000 克的肥嫩、鲜活肥头鱼。

【制作】

1. 将鱼剖腹去内脏，挖去鱼鳃，洗净后手提鱼尾放入沸水中烫一下，再放入冷水中用小刀刮洗干净鱼身上的黏液。用刀在鱼身割 3 毫米深的斜十字花刀，用干净纱布揾干鱼身水分，抹上川盐、胡椒粉、料酒。

2. 火腿、口蘑分别切成片；姜用刀拍破部分切成姜米；葱绾成结。将火腿片、口蘑片放在码好味的鱼身上，再用网油将鱼包好，放干净盘内，放上姜、葱、鲜汤。将鱼放入蒸笼内，用旺火蒸熟后。捡去姜、葱，揭掉网油，滗出原汤另作他用。将蒸好的鱼移入汤盘内。

3. 锅置旺火上，加入鲜汤烧沸，放入豌豆尖氽一下，捞入鱼盘中，锅内另换原汤烧沸，放川盐、味精、胡椒粉烧开调匀，倒入鱼盘中即成。

4. 将姜米、川盐、酱油、味精、醋、芝麻油对成姜汁味碟，随主菜上席。

【风味特点】

肥头鱼系产于川江中闻名遐迩的优质无鳞鱼，肉质细嫩。蒸后，配姜醋碟蘸食，姜味醇厚，咸鲜微辣、清淡爽口，别具风味，味道特别鲜美。

【注意事项】

1. 在装盘时，一定要小心，避免将鱼身弄烂。

2. 清蒸肥头在蒸前必须将鱼身上的黏液刮洗干净，才能去除鱼的腥味。鱼身割十字花刀时，鱼背肉厚处稍割深一点，但注意不能割穿。

【学习要求】

掌握肥头鱼的加工步骤，使用火候准确，成菜形状完整，鱼身不烂。

【讨论复习题】

1. 肥头鱼是有鳞鱼或是无鳞鱼，应怎样进行初加工？

2. 上席前配什么味碟蘸食，怎样调制？

热

菜

29. 蜜汁桃脯（甜香味型）

【烹法】蒸

【主料】白花桃 7 个

【辅料】蜜桂花 10 克　　白糖 200 克　　冰糖 100 克

【选料】选用个大、无伤的白花桃 7 个。

【制作】

1. 白花桃洗净，削去皮，用刀划成两瓣，去除桃核后用清水将桃瓣浸漂 3 分钟，入开水汆过后用清水漂冷，再将漂冷的桃瓣整齐地摆入碗中，撒上白糖 100 克。

2. 将装好碗的桃脯放入蒸笼内大气约蒸 10 分钟，全熟取出晾冷。

3. 锅置微火上，放入冰糖、白糖和少许清水溶化，收成浓糖汁。

4. 将蒸碗内的桃脯翻于大汤盘中，滗去余水，淋上浓糖汁即成。

【风味特点】

入口软甜，桃味香浓。

【注意事项】

1. 削桃皮时，注意不能伤桃肉，桃瓣要求大小均匀，装碗要求整齐美观。

2. 收的糖汁要求浓且清亮。

3. 掌握好蒸制的火候。

【学习要求】

1. 选好主料，掌握好蒸制的火候。

2. 成菜整齐美观，糖汁不过浓不过清。

【讨论复习题】

1. 为什么汆后的桃脯要用冷水漂冷？

2. 用这种烹调方法，还可以做些什么菜？

3. 桃脯是什么季节吃？

30. 富贵鸭子（咸鲜味型）

【烹法】蒸

【主料】肥嫩鸭子 1 只（重约 1 500 克）

【辅料】水发鱼翅 150 克　　水发海参 150 克　　油发鱼肚 25 克

　　　　干贝 50 克　　　　净草鱼肉 250 克　　鸡蛋 2 枚

【调料】川盐 5 克　　　　胡椒粉 3 克　　　料酒 25 克　　味精 3 克

　　　　葱 5 克　　　　　姜 10 克　　　　　水豆粉 5 克

【选料】肥嫩鸭子 1 只。

【制作】

1. 将鸭子宰杀后去毛，在尾脊处开小孔掏去内脏，去脚、翅尖；干贝上笼蒸熟；海参切成斧楞片；鱼肚片成条形片；草鱼肉去刺，捶成茸；鸡蛋敲破取蛋清，加入鱼肉茸中搅成鱼糁；葱洗净，绾成结；姜洗净，切成片。

2. 将鱼翅、海参、鱼肚、干贝放入碗内，加入川盐、胡椒粉、料酒、味精、姜片 5 克、葱结 5 克，调拌均匀，倒入鸭腹内，装大碗内用牛皮纸封口后上笼蒸熟，取出放入蒸盘内。

3. 用干净纱布将鸭腹油质和水分搌干，再将鱼糁均匀抹在鸭腹上，抹平牵成两朵菊花，周围牵上花边。待走菜时上笼蒸几分钟，待鱼糁蒸熟后取出鸭子放入盘中。

4. 将蒸盘内的汤汁滗入炒锅内，下水豆粉勾成薄芡淋在鸭腹上即成。

【风味特点】

形状鲜艳，肉质肥糯，营养丰富，咸鲜味美。

【注意事项】

1. 在操作过程中，要注意保持鸭子的完整形状。

2. 将鸭头从翅膀背后弯上来与腹部平行。

3. 鸭子蒸熟后，拣去蒸盘内的姜、葱不用。

4. 鸭腹嵌花和花边，可由厨师自己制形、配料。

5. 第一次上笼蒸叮用牛皮纸将鸭身覆盖封严。

【学习要求】

掌握嵌花和花边的技巧。

【讨论复习题】

1. 什么叫富贵鸭子？

2. 为什么蒸鸭子要用牛皮纸封闭，其作用是什么？

热

菜

95

31. 酿梨（甜香味型）

【烹法】蒸

【主料】金川雪梨或苍溪雪梨4个（重约500克）。

【辅料】蜜樱桃30克　　糯米50克　　　百合15克　　　瓜圆30克

冰糖250克　　苡仁15克

【选料】选大小相同，形状美观的4个雪梨。

【制作】

1.糯米洗净，蒸熟；百合、苡仁分别洗净，蒸熟，切成小颗；蜜樱桃、瓜圆切成颗，50克冰糖碾成绿豆大的粒，将上述原料放碗里拌匀制成瓤馅。

2.将200克冰糖放入锅内，加适量清水熬成糖汁。

3.雪梨去皮，切下连柄部分直径约3厘米的一块作盖，用刀将梨核全部挖去，保持梨子的完整形状，用清水冲洗，再放入沸水中余一下，捞起用清水漂起。

4.将瓤馅分别酿入4个梨中，用梨盖盖好，装入蒸碗中，上笼大火一气蒸炟，取出去掉盖子，滗去汽水，切口向下摆入盘中，淋上糖汁即成。

【风味特点】

形整色美，香甜炟糯，爽口宜人。

【注意事项】

1.糯米要旱蒸熟透。

2.熬制冰糖汁要用微火收浓，不要熬焦。

3.可将雪梨梨心适当挖空点。

4.装盘注意成形美观。

【学习要求】

成菜形美，色彩艳丽，火候恰当，瓤馅均匀。

【讨论复习题】

1.为什么要选用金川雪梨或苍溪雪梨？

2.梨去皮挖核后马上余一水，再用清水漂起的道理是什么？

3.为什么要先将瓤馅蒸熟？

32. 冰糖银耳（甜香味型）

【烹法】蒸

【主料】银耳 13 克

【辅料】冰糖 250 克　　鸡蛋 2 枚

【选料】选用品质较高的干银耳。

【制作】

1. 银耳放入温水中泡 1 小时，掐去根部，清洗干净，漂入清水中；鸡蛋敲破，取蛋清装碗里加清水 50 克搅匀。

2. 烧锅洗净置中火上，掺入清水 700 克，放入冰糖熬化，倒入鸡蛋清搅转，待烧沸时，撇尽浮沫和杂质，再把冰糖汁倒入洁净无垢的大蒸碗中，然后将漂好的银耳捞出沥干，放入冰糖汁中，上笼蒸约 90 分钟，取出倒入精致的汤碗内上菜。

【风味特点】

汤汁清亮，质地软滑，滋味甜润。

【注意事项】

1. 摘银耳根时，先换清水，只摘净黑点和杂质，避免浪费。

2. 熬冰糖汁时，先将大块冰糖敲碎，再掺水熬制，容易溶化。

3. 上笼蒸银耳时用净碗，并用牛皮纸或盘将碗口封盖着，以免染上杂质和异味。

【学习要求】

银耳软滑甜美，糖水滋味甘润。

【讨论复习题】

1. 什么叫生耳和熟耳，怎样签别好坏？

2. 没有蒸笼，可不可以做这道菜肴？

3. 银耳还可以做别的什么菜肴？

热

菜

33. 酿甜椒（咸鲜味型）

【烹法】蒸

【主料】甜椒 5 个

【辅料】猪肥瘦肉 150 克　　　芽菜 10 克　　　　水发兰片 25 克

　　　　化猪油 75 克　　　水发蘑菇 25 克　　　鸡汁 250 克

【调料】胡椒粉 2 克　味精 3 克　酱油 5 克　川盐 3 克　水豆粉 5 克

【选料】

1. 选个大、色红、大小一致、形状美观的甜椒。

2. 猪肥瘦肉选肥三瘦七、无筋的嫩肉。

【制作】

1. 甜椒洗净，剪去蒂柄，从柄部切下直径约 3 厘米的盖，挖去椒囊和籽，放入沸水汆一下，换清水漂凉，捞出揸干水分，用小刀尖在甜椒表皮上划 4~6 条花纹，注意不能划穿。

2. 猪肥瘦肉洗净，剁成米粒大小的猪肉粒；芽菜、水发兰片、水发蘑菇分别用清水淘洗干净，切成绿豆大小的颗粒。

3. 炒锅洗净置旺火上，放入 50 克化猪油烧至七成热，下 100 克猪肉粒炒散籽，加入 2 克川盐继续煸炒至酥香，加入兰片颗、蘑菇颗、芽菜粒炒干，放 1 克胡椒粉、2 克味精、酱油炒匀，起锅盛入碗内，加入 50 克猪肉粒搅匀制成瓤馅。

4. 将瓤馅分别酿入甜椒，盖上盖子，摆入蒸碗，上笼用旺火蒸约 20 分钟取出，去掉盖子，刀口一面向盘底呈梅花形摆于盘内。

5. 锅洗净置中火上，下鸡汁烧沸，放入 1 克胡椒粉、1 克味精、1 克川盐，用水豆粉勾清二流芡，加入 25 克化猪油，浇在甜椒上面即成。

【风味特点】

色形美观，甜椒细嫩，瓤馅鲜香，为秋季的时令菜肴。

【注意事项】

1. 芽菜快速淘洗干净；甜椒的椒囊与籽要去净，否则影响质量。

2. 猪肥肉与瘦肉的比例一定要 7:3，不能剁茸，煸炒酥香，不能炒焦，也不能巴锅。

3. 甜椒要蒸熟透，但不能蒸火巴。

【学习要求】

熟练掌握火候，学会瓤馅、定碗、摆盘、浇汁的制作步骤。

【讨论复习题】

1. 此菜与酿梨在瓤馅制作和蒸制时间上有哪些区别？

2. 甜椒只蒸熟不蒸火巴的道理是什么？

3. 瓤馅还有别的什么做法？

4. 请阐述装盘的具体方法，并讲明原因？

5. 除了挂滋汁，成菜咸鲜味型外，还有什么做法和味型？

6. 瓤馅为什么要制成生熟馅？

热

菜

细
做
川
菜

34.叉烧肉（咸鲜味型）

【烹法】炸

【主料】肥瘦猪肉 1000 克

【辅料】菜籽油 1500 克（耗 150 克）

【调料】酱油 50 克　　葱 2 根　　料酒 20 克　　醪糟汁 50 克
　　　　川盐 5 克

【选料】选用肥瘦相连的猪二刀肉。

【制作】

1. 将猪肉洗干净，去皮用刀切成 3 厘米宽的肉条。

2. 葱洗净，切成节，与川盐、酱油、料酒、醪糟汁一起码肉条约 30 分钟，待用。

3. 炙锅后将锅置旺火上，放入菜籽油烧至七成热，下肉条炸至成金黄色时起锅，切成 3 厘米长、2 毫米厚的片，装入盘内即成。

【风味特点】

色泽金黄，香酥爽口，下饭佐酒均宜。

【注意事项】

1. 猪肉条子要码入味，才能下油锅炸制。

2. 要掌握好油炸肉条的火候，火过旺时调低火力，炸至肉条里面熟透表面成金黄色。

【学习要求】

要求先将肉条码入味，成菜色泽金黄，香酥味美。

【讨论复习题】

1. 怎样做才能使叉烧肉的色、香、味都符合要求？

2. 如何切叉烧肉，怎样装盘才能达到大方美观？

35. 叉烧火腿（咸鲜味型）

【烹法】明炉烤

【主料】熟火腿 750 克

【辅料】鸡蛋 2 枚

【调料】冰糖 100 克　　干细豆粉 50 克

【选料】选重约 750 克的熟火腿 1 方。

【制作】

1. 鸡蛋敲破，取蛋清倒入碗中，下干细豆粉搅散，调成蛋清豆粉。

2. 将熟火腿洗干净，入笼蒸约 2 小时，放入碗内晾冷，上面放冰糖再入笼蒸大约 20 分钟，直到蒸透，取出用干净毛巾擦去油。

3. 抹上蛋清豆粉，穿上三号小铁叉，在烤池上翻烤至金黄色，用毛巾将叉尖抹干净，取下火腿切成长约 6 厘米，宽约 3 厘米，厚 5 毫米的片，装盘中摆成扇面形，随配点心入席。

【风味特点】

色泽美观，味美爽口。

【注意事项】

1. 蛋清豆粉抹于熟火腿上时，要做到厚薄均匀。

2. 烤制时，匀速翻烤，不能烤煳。

【学习要求】

熟火腿一定要将水分、油质擦净后才能抹蛋清豆粉。

【讨论复习题】

如何切火腿片？摆成的形状有哪些？

热

菜

36. 叉烧鸡(咸鲜味型)

【烹法】明炉烤

【主料】净母鸡 1 只(重约 1 000 克)

【辅料】肥瘦猪肉 100 克　　化猪油 25 克　　荷叶饼若干

　　　　甜酱 20 克　　　　葱白丝 10 克

【调料】宜宾芽菜 50 克　　姜丝 5 克　　花椒 10 粒　　泡辣椒丝 10 克

　　　　料酒 30 克　　　　川盐 5 克　　芝麻油 30 克　饴糖 10 克

　　　　味精 3 克　　　　　酱油 25 克　水豆粉 8 克　　胡椒粉 3 克

　　　　鲜汤 50 克

【选料】采用白皮肥嫩母鸡 1 只。

【制作】

1. 褪毛的净鸡斩去鸡脚，用刀在右边鸡翅肋下小开 5 厘米的口，取出内脏。料酒、川盐混合，均匀地抹在鸡身内外，肉厚处需多抹。用 1 根小竹签横别封住鸡的肛门，以防叉烧后漏油。肥瘦猪肉洗净，切成肉丝，码水豆粉；芽菜剁成末。

2. 炒锅置旺火上炙锅，放化猪油烧热，下肉丝炒至散籽发白，再下宜宾芽菜末、花椒、胡椒粉、泡辣椒丝、姜丝、酱油 15 克、味精，炒熟后从小开口处填装入鸡腹内，再用竹签横别封住鸡身小开口处。

3. 将铁叉平起，从鸡腿部两侧平叉进去，贯通至翅膀下，以一端叉插进胫部，另一端叉尖，将鸡头弯过来，从鸡眼处穿上，同时将鸡翅折附在鸡背上，以免翘起，挂晾在通风处。

4. 鸡身晾干水分后，置于烧开的汤锅上，用水瓢舀起沸腾的汤不断淋在鸡身上，待鸡皮受热绷伸时，即用干净纱布揩干水分，将饴糖均匀地抹在鸡身上。

5.用砖砌方形烤池，杠炭烧燃摆在池内四周，中间摆一个土碗接油，然后将铁叉平放在火池上慢慢地转动叉柄，进行烧烤。鸡腿及鸡脯肉厚处应多烤，一边烧烤一边刷上芝麻油，直到鸡身烤成金黄色，皮肉熟透，用布擦净叉尖，将鸡取下，腹内的各种配料取出盛在大盘一边，原汁滗入碗内待用。

6.鸡分部位砍成块，按鸡形盛于大盘的一端，刷上芝麻油。将原汁加味精3克、酱油10克、芝麻油、鲜汤50克对成调料汁，淋在鸡肉上，配葱白丝、酱碟、荷叶饼上桌，供取食。

【风味特点】

酥脆香嫩，色泽红亮，爽口化渣，是筵席上的佳品之一。

【注意事项】

1.取鸡内脏时，一定要抠去心、肺等。

2.要注意上叉、出坯、叉烧的具体的作法。

【学习要求】

要求上叉准确，鸡皮绷伸，烧烤色泽红亮，成菜酥脆香嫩，入口化渣。

【讨论复习题】

1.叉烧鸡与叉烧鱼有哪些不同之处？

2.怎样掌握好制作叉烧鸡的火候和色泽？

热

菜

37. 叉烧鱼（咸鲜味型）

【烹法】明炉烤

【主料】鲤鱼 1 尾（重约 750 克）

【辅料】杠炭 2 500 克　　　网油 500 克　　　肥瘦肉 75 克

　　　　青笋头 15 克　　　生菜适量

【调料】芽菜 15 克　　泡辣椒 2 条　　鸡蛋 3 枚　　干豆粉 35 克

　　　　姜 10 克　　　　葱 10 克　　　酱油 25 克　　料酒 7 克

　　　　川盐 3 克　　　　芝麻油 5 克　　化猪油 15 克　　白糖 5 克

　　　　醋 3 克

【选料】选用鲜活鲤鱼或肥头鱼。

【制作】

1. 鲤鱼去鳞、鳃、尾、内脏，揩干水分，用川盐、酱油、料酒抹鱼身，用姜、葱码鱼 5~6 分钟，揩干。鸡蛋敲破取蛋清，加豆粉，调成蛋清豆粉；芽菜淘洗干净，剁细。泡辣椒去籽，切成节，青笋头切丝，码味后加入白糖、醋拌成糖醋生菜待用。

2. 肥瘦肉剁细，用化猪油炒散，加芽菜、泡辣椒炒熟，装入鱼腹。取粗竹签一支对剖，前端削尖，从鱼嘴两边平穿至鱼尾，使鱼身伸直。

3. 网油铺开，修整四边，留出长约 25 厘米、宽约 15 厘米的面积，其余全部抹上蛋清豆粉。将鱼放在未抹蛋清豆粉的地方，卷起网油将鱼包 3~4 层，包好后用小铁叉从鱼腹刺进，由鱼背穿出，外面再抹一层蛋清豆粉，将叉洞抹严实，防止味汁流失。

4. 将包好的鱼放于杠炭火池上，一边烤一边翻动，烤至网油呈现金色时抹上芝麻油，将叉尖揩净抽出，用刀划破网油，取出鱼，抽去竹签装盘。网油最里面一层不用，其余切大一字条镶在鱼身一侧。生菜装碟，镶放在盘内鱼身的另一侧即成。

【风味特点】

鱼皮酥香，肉味浓郁。

【注意事项】

1.码鱼时用长瓷盆，使鱼伸直。

2.烤池里先放一层热油灰，杠炭烧燃放入烤池内铺放均匀。

3.叉鱼时，用小铁叉叉入鱼的中部，使重心位置恰当。

4.烤鱼时，翻动要先慢后快，使之受热均匀，防止火大漏油，烤焦鱼身。

【学习要求】

要求上叉正确，火力均匀，鱼皮酥而不焦。

热

【讨论复习题】

菜

1.叉烧鱼为什么要穿竹签?

2.怎样在网油上挂蛋清豆粉?

3.鱼叉烧后，不用最里面一层网油的原因是什么?

烧

38. 姜汁热味鸡（姜汁味型）

【烹法】煮、烧

【主料】熟公鸡肉 500 克

【辅料】混合油 150 克

【调料】鲜汤 250 克　　姜 25 克　　　川盐 3 克　　　葱 25 克

　　　　酱油 9 克　　　醋 20 克　　　红辣椒油 25 克　水豆粉 15 克

　　　　味精 3 克　　　白糖 3 克

【选料】选用熟公鸡或者嫩母鸡。

【制作】

1. 姜用清水洗净，刮去外皮，切成姜米；葱切成颗。

2. 熟鸡肉去掉腿骨、背骨，宰成 2.5 厘米见方的块。

3. 取碗装入水豆粉、味精、白糖、适量清水对成滋汁。

4. 炒锅置旺火上烧热，放入混合油烧至六成热，下鸡块炒匀，加姜米炒 3 分钟，加川盐、味精、酱油、鲜汤烧焖入味，下葱颗，倒入滋汁勾芡，收汁亮油，加醋、红辣椒油炒匀起锅即成。

【风味特点】

此菜咸酸爽口，姜汁味浓，加上红辣椒油后，成菜色红味香，趁热吃味道尤佳。

【注意事项】

1. 鸡块要求宰均匀。鸡块要烧至熟软，醋在起锅前才放入。

2. 红辣椒油不能使用过量，否则会压制鲜味。

【学习要求】

1. 能正确选用热味鸡的主料、辅料、调料。

2. 鸡块一定要烧炟。成菜应色红味鲜，起锅前要收汁亮油。

【讨论复习题】

1. 姜汁热味鸡有几种烹法？

2. 姜汁热味鸡突出什么味？

3. 成菜应呈什么色？

39. 豆瓣鲜鱼（鱼香味型）

【烹法】家常烧

【主料】活鲤鱼1尾（重约750克）

【辅料】混合油500克（耗150克）

【调料】料酒25克　　　川盐4克　　　郫县豆瓣25克　蒜米30克

泡红辣椒2根　泡姜米15克　鲜汤250克　　酱油10克

白糖10克　　　水豆粉15克　葱花50克　　味精3克

醋10克

【制作】

1.将鲜鱼刮鳞、剖腹去鳃、内脏，洗净，在鱼身两面各划几刀，用料酒、川盐2克码味；郫县豆瓣剁细；泡红辣椒去蒂去籽剁细。

2.炒锅炙后置旺火上，下混合油烧至七成热，下鲜鱼稍炸至皮酥捞起，锅内留炸油75克，下郫县豆瓣、泡红辣椒茸、泡姜米、蒜米炒香，待油呈红色时，将炸过的鱼整齐地放在锅里，掺鲜汤淹没鱼身，移至小火上，加川盐、酱油、白糖烧熟。

3.将鱼铲起，整齐地盛入鱼盘内，再将锅移旺火上，加水豆粉收至统汁亮油，加醋、味精、葱花推转，起锅淋在鱼身上即成。

【风味特点】

色泽棕红，肉质细嫩，咸甜酸辣兼备，姜葱蒜味浓郁。

【注意事项】

1.剖鲜活鱼时，不要弄破鱼胆。

2.在制作的过程中要保持鱼身的完整形状。

3.鱼香味烹制时，要注意调料和糖醋的使用比例。

【学习要求】

烧鱼装盘要美观，成菜颜色红亮，肉质细嫩。

【讨论复习题】

1.为什么鲤鱼要用油炸进皮后再烧，其原因是什么？

2.在制作过程中何时放味精最好？

热

菜

107

40.红烧狮子头（咸鲜味型）

【烹法】炸、蒸、烧

【主料】猪肥瘦肉 500 克

【辅料】化猪油 500 克（耗 150 克）　马蹄 5 颗　　火腿 25 克

菜心 100 克　　金钩 10 克　　鸡蛋 1 枚　　水发兰片 50 克

化鸡油 10 克

【调料】川盐 3 克　　　酱油 20 克　　姜 25 克　　　葱 25 克

料酒 20 克　　　味精 3 克　　　胡椒粉 3 克　　清汤 400 克

【选料】用夹缝肉为宜，火腿用瘦肉。

【制作】

1.猪肉切成 3 毫米见方的小粒；马蹄去皮洗净，切颗粒；火腿、水发兰片切成骨牌片；金钩用水发涨；葱择好洗净，绾成结；姜洗净，拍破；菜心洗净待用．

2.将猪肥瘦肉粒放入大碗内，加马蹄粒、鸡蛋液、川盐、酱油 15 克、胡椒粉、味精、水豆粉拌匀，分成 4 份，分别捏成略扁的肉圆待用。

3.锅置旺火上，下化猪油烧至七成热，放入猪肉圆油炸至呈金黄色时捞起，放入碗内，加酱油、清汤，放葱结、姜上笼约蒸 1 小时至肉圆熟透后捡去姜、葱。

4.锅置中火上，下化猪油烧至五成热，放菜心、水发兰片、火腿片、金钩略炒，加入适量清汤，将肉圆放入锅中同烧入味，起锅前下胡椒粉、味精、水豆粉、化鸡油勾薄芡汁。将猪肉圆铲入盘中，摆成四方形，淋上剩余的汤料汁即可走菜。

【风味特点】

色形美观大方，质地脆嫩爽口。

【注意事项】

1.选用瘦七肥三的猪肉，猪肥瘦肉不能捶茸后才制圆子。

2.金钩、火腿切成的骨牌片要求大小均匀。

【学习要求】

熟练掌握炸、蒸、烧三个操作过程；成品菜质嫩脆，鲜香爽口。

【讨论复习题】

1.制作狮子头要求选用肥三瘦七猪肉的原因是什么？

2.拌肉圆子时，水豆粉放多了会产生哪些不良影响？

3.不使用菜心行不行，原因是什么？

41. 家常海参（家常味型）

【烹法】烧

【主料】水发海参 500 克

【辅料】猪肥瘦肉 125 克　　化猪油 150 克　　特级清汤 750 克

　　　　黄豆芽 100 克　　　蒜苗 50 克

【调料】川盐 12 克　　　　红酱油 5 克　　　料酒 10 克　　　味精 3 克

　　　　郫县豆瓣 20 克　　芝麻油 5 克　　　水豆粉 10 克

【选料】选用肉质厚、体长的水发海参。

【制作】

1. 水发海参洗净，片成斧楞片；郫县豆瓣剁细；蒜苗洗净，切成鱼眼花；黄豆芽淘洗干净掐去根瓣；猪肥瘦肉洗净，剁成细粒。

2. 炒锅置旺火上，掺清汤 250 克，下料酒、川盐 3 克，下入海参片喂汤后，用抄瓢捞起，倒去锅内的汤不用。锅内再放清汤 250 克烧开，加料酒、川盐 3 克，再将海参片放入喂汤，捞于盘中待用。

3. 炒锅置旺火上，下化猪油 50 克烧至四成热，加入肥瘦肉粒，加料酒、川盐 3 克炒散炒熟，起锅盛于碗内。

4. 炒锅里另下化猪油 50 克烧至五成热，加入黄豆芽、料酒、川盐 3 克炒至断生，起锅盛于盘内垫底。

5. 锅置旺火上，下化猪油 50 克，下郫县豆瓣炒香呈红色，掺清汤烧开后用漏瓢捞去豆瓣渣，下入喂好汤的海参片、炒好的猪肉粒，加入料酒、红酱油同烧至汤汁亮油，下水豆粉勾芡汁，加入蒜苗花、芝麻油、味精推转，将海参片连滋汁舀于黄豆芽上即成。

热

菜

【风味特点】

颜色棕红，质地软糯，微辣香鲜。

【注意事项】

1. 海参要用特级清汤喂 2~3 次。

2. 没有黄豆芽，垫底可用芥蓝或豌豆尖代替。

【学习要求】

1. 掌握水发海参的方法。

2. 成菜颜色红亮，微辣鲜香。

【讨论复习题】

1. 为什么海参要用特级清汤多次喂汤？

2. 发海参时，为什么不能接触到油？

42. 红烧圆子（咸鲜味型）

【烹法】炸、烧

【主料】猪肥瘦肉 250 克

【辅料】菜籽油 500 克（耗 75 克）　化猪油 50 克　　鸡蛋 1 枚
　　　　马蹄 5 颗　水发兰片 50 克　水发香菇 25 克　新鲜蔬菜 100 克

【调料】川盐 3 克　　料酒 25 克　　　水豆粉 75 克　　味精 3 克
　　　　胡椒粉 3 克　糖色 10 克　　　姜米 5 克　　　　葱花 3 克
　　　　鲜汤适量

【选料】选肥三瘦七的新鲜猪肉。

【制作】

1. 猪肥瘦肉去皮去筋，用刀剁细；水发兰片、水发香菇用沸水氽过，片切成片；新鲜蔬菜洗净，汆后漂冷；马蹄去皮，洗净，用刀拍破剁细。

2. 剁好的猪肥瘦肉加马蹄、鸡蛋液、川盐、水豆粉、料酒及少量的清水拌匀待用。

3. 锅置旺火上，下菜籽油烧至六成热，将拌好的肉馅用手挤成直径约 3 厘米的肉圆子，入油锅炸至金黄色时捞出。

4. 锅离火，滗去菜籽油，换入化猪油 35 克，下姜米、葱花炒出香味，加鲜汤，下肉圆子、川盐、料酒、糖色、玉兰片、香菇片，先用旺火烧开，再换用小火烧半小时后，将汆好的蔬菜挤干水分，沿锅边放入，等烧入味后舀入盘中垫底。

5. 锅中加味精、胡椒粉，下水豆粉勾二流芡，下化猪油 15 克，起锅舀于盘中菜上即成。

【风味特点 】

肉圆味香，亮汁亮油，佐酒、下饭均宜。

【注意事项 】

1. 选用肥三瘦七成的猪肉，要剁匀剁散。

2. 炸圆子时掌握好油温和火候，不能炸焦，圆子颜色一致。

3. 糖色不可使用过多，成银红色最好。

4. 烧圆子的火不可太大，以免烧烂。

5. 鲜菜应保持本色。

6. 烧制肉圆子时，如果添加青笋、蘑菇、鱿鱼、海参、板栗等食材，就可取不同的菜名，如青笋烧圆子、鱿鱼烧圆子等。

【学习要求 】

1. 掌握好配制圆子的各原料、调料的比例，手挤的圆子要大小均匀。

2. 要做到炸制的圆子颜色一致，味香可口。

【讨论复习题 】

1. 炸圆子的油温高了会出现什么现象？

2. 水豆粉的添加分量与圆子的质量有什么关系？

3. 为什么要使用小火烧圆子？

4. 圆子还可以制作成哪些品种？

热

菜

43. 红烧肉（咸鲜味型）

【烹法】烧

【主料】猪五花肉 500 克

【辅料】川盐 10 克　　料酒 50 克　　姜 25 克　　葱 25 克

　　　　糖色 20 克　　味精 3 克　　花椒 10 颗　　鲜汤适量

【选料】新鲜的猪五花肉。

【制作】

1. 猪五花肉去净残毛，刮洗干净，切成 3 厘米见方的肉块，放入锅中沸水汆去血水；姜洗净拍破；葱缩成结。

2. 将猪五花肉块捞起，放入干净锅里，掺鲜汤烧开，下姜、葱、川盐、料酒、糖色，用旺火烧开，撇净浮沫，加入花椒，然后移于小火上烧约 2 小时至㶽，汁浓后加味精起锅，捡去姜、葱装盘即成。

【风味特点】

色泽红亮，口味咸鲜，肉香汁浓，最适宜老年人食用。

【注意事项】

1. 在上述红烧肉的基础上，还可加入冬笋、板栗、蘑菇、芋儿、土豆等食材。

2. 糖色不可过重，以免成菜过红发黑。

3. 烧肉时必须用小火久烧。

【学习要求】

1. 刀工要求肉块大小整齐均匀。

2. 要求成菜颜色红亮，入口㶽糯入味。

【讨论复习题】

1. 制作此菜，猪五花肉能否不汆水？汆水的作用是什么？

2. 用小火慢烧的作用是什么？

3. 红烧肉和红烧三鲜在烹饪方式上有哪些相同的地方？

44. 生烧肘子（咸鲜味型）

【烹法】烧、蒸

【主料】猪肘子1只（重约1000克）

【辅料】化猪油50克　鲜菜100克　鸡骨适量

【调料】川盐5克　　　料酒50克　　老姜25克　　　葱25克

　　　　水豆粉10克　　味精3克　　　胡椒粉3克　　糖色20克

【选料】去骨猪前肘1只（重约1000克）

【制作】

1. 将猪肘子镊净残毛，放在旺火上烧至猪皮呈焦黑色时，放入热水中泡约半小时至软，取出用刀刮净焦皮，待猪皮成黄色时用清水清洗两次待用。鲜菜心择后淘洗干净。

2. 锅内放鸡骨垫底，加鲜汤，下肘子，置旺火上烧开，反复撇净浮沫后，下姜、葱、川盐3克、料酒、糖色，移至小火上烧约1.5小时，待猪肘九成熟时捞出，装入大蒸碗中上笼蒸半小时。

3. 炒锅洗净，下化猪油，加川盐2克，放入鲜菜心炒断生，装于大圆盘周边，将熟肘子翻装于圆盘中心。再将烧肘子的原汁倒入锅中，加味精、胡椒粉，下水豆粉勾二流芡收汁，淋于肘子上即成。

【风味特点】

颜色红亮，大方美观，菜香味浓，肥而不腻。

【注意事项】

1. 烧肘子皮时要烧均匀，刮洗时猪皮表面及周围都要刮洗干净。

2. 鲜菜心也可汆后使用。

3. 肘子不上笼蒸也可做到烧制炕软入盘。

【学习要求】

1. 掌握烧猪肘子皮的初加工技术。

2. 猪肘子要加工成圆形，并会定碗。

3. 成菜后颜色红亮、肘子滋糯。

【讨论复习题】

1. 直接使用生肘子和使用焦皮肘子烹制的成菜有什么不同？

2. 猪肘子能否不上笼蒸，上笼蒸的作用是什么？

3. 用鸡骨垫锅底的作用是什么？

热

菜

45. 红烧三鲜（咸鲜味型）

【烹法】烧

【主料】熟猪肚 150 克　熟猪舌 150 克　油发猪蹄筋 100 克

【辅料】化猪油 75 克　小白菜 100 克　水发兰片 50 克　水发香菇 50 克

【调料】姜片 10 克　　　葱节 10 克　　　川盐 10 克　　　味精 3 克
　　　　胡椒粉 3 克　　　水豆粉 10 克　　料酒 10 克　　　芝麻油 5 克
　　　　糖色适量　　　　鲜汤 300 克

【制作】

1. 猪蹄筋油发后用水泡软；水发兰片、水发香菇分别用开水余过；小白菜汩过漂冷；熟猪肚、熟猪舌、油发的猪蹄筋分别切成一字条；水发兰片、水发香菇切成稍小的一字条。

2. 锅置火上，放入化猪油烧热，下姜片、葱节入锅炒香，再下熟猪肚条、熟猪舌条稍炒，掺鲜汤，放川盐、料酒、糖色烧开，撇去浮沫，加入水发兰片、水发香菇、油发猪蹄筋，用中火烧㸆。下胡椒粉，将漂冷的小白菜沿锅边放入烧进味，拈于盘中垫底。

3. 锅继续置火上，下水豆粉勾二流芡，放芝麻油、味精，起锅舀于小白菜上面即成。

【风味特点】

成菜鲜香，味浓可口，颜色红亮，营养丰富。

【注意事项】

1. 成菜除烧成红色外，也可烧成白色的白汁三鲜，加海参、鱿鱼就分别为海参三鲜、鱿鱼三鲜。

2. 主料可根据具体情况酌情调换。

3. 猪肚、猪舌初加工时要料理干净，原料要新鲜。

【学习要求】

1. 掌握对猪肚、猪舌的初加工方法。

2. 熟练掌握油发蹄筋的油温和火候。

3. 熟练掌握水发兰片和香菇的方法。

【讨论复习题】

1. 此菜还可改用什么食材作主料？

2. 烹制过程中，为什么要用小火烧制？

3. 没有小白菜时，可换用什么蔬菜垫底？

46. 红烧墨鱼（咸鲜味型）

【烹法】烧

【主料】水发墨鱼 500 克

【辅料】熟火腿 50 克　水发兰片 25 克　蘑菇 25 克

　　　　新鲜蔬菜心 100 克　　　　化猪油 75 克　鲜汤适量

【调料】川盐 3 克　　　酱油 15 克　　料酒 25 克　　味精 3 克

　　　　胡椒粉 3 克　　芝麻油 5 克　　水豆粉 25 克　姜片 5 克

　　　　葱节 5 克

【选料】选用涨发明嫩的墨鱼

【制作】

1. 水发墨鱼改大片用沸水氽去碱味，入鲜汤喂味；火腿、兰片切成 3 厘米长、2 厘米宽、3 毫米厚的薄片；蘑菇切成薄片；新鲜蔬菜心入沸水氽至断生，捞出备用。

2. 炒锅置旺火上，下化猪油烧至六成热，放姜片、葱节炒香，掺入鲜汤烧沸至香味逸出，捞去葱节、姜片不用，放入新鲜蔬菜心、料酒、川盐、酱油、胡椒粉、味精烧沸入味。

3. 将鲜菜心拈入盘中垫底，再将水发兰片、蘑菇片、火腿片和喂好汤滤干水分的墨鱼倒入锅中微烧后捞出摆放在盘中的鲜菜心上。

4. 锅里留汤汁，置于火上，下水豆粉勾成二流芡，加芝麻油，淋在盘内食材上即成。

【风味特点】

质地细嫩，味浓而鲜。

【注意事项】

1. 主料换成鱿鱼即为"红烧鱿鱼"。

2. 主料入锅后不可久烧，以免缩筋吐水。

【学习要求】

成菜色鲜形美；勾的二流芡汁应稠稀适当。

【讨论复习题】

墨鱼片氽去碱味后还要用鲜汤喂味。

热

菜

47. 家常鱿鱼（家常味型）

【烹法】烧

【主料】水发鱿鱼 500 克

【辅料】混合油 100 克　肥瘦猪肉 125 克　黄豆芽 100 克　鲜汤 750 克

【调料】酱油 15 克　　川盐 6 克　　郫县豆瓣 20 克　味精 3 克
　　　　水豆粉 10 克　料酒 25 克

【选料】选用大张、透明的嫩鱿鱼。

【制作】

1. 鱿鱼改片用开水汆过，再用鲜汤喂起；肥瘦猪肉洗净，剁成绿豆大的粒；郫县豆瓣剁细；黄豆芽洗净掐去根、瓣，少油炒断生后放入盘中垫底。

2. 炒锅置旺火上，放入混合油烧至四成热，下肥瘦猪肉粒炒熟散籽，烹入料酒，下郫县豆瓣炒香，待油呈红色时加入适量鲜汤，放酱油、川盐、味精烧沸，下水豆粉勾芡，最后将喂汤后滤干水分的鱿鱼倒入锅内微烧簸转，起锅盖于盘中黄豆芽上即成。

【风味特点】

颜色红亮，味美质嫩。

【注意事项】

将水发鱿鱼换为海参，成菜即为"家常海参"。

【学习要求】

成菜亮汁亮油，色泽红亮。

【讨论复习题】

1. 水发鱿鱼经过 2~3 次汆水，喂汤后效果更好。

2. 为什么先勾芡后放入鱿鱼？可防止鱿鱼过于受热缩筋吐水，达到巴汁巴味。

48. 红烧鱿鱼（咸鲜味型）

【烹法】烧

【主料】水发鱿鱼 500 克

【辅料】化猪油 100 克　　熟火腿 50 克　　熟鸡肉 50 克
　　　　水发鸡枞菌 15 克　　　　　　鲜菜心 100 克

【调料】川盐 3 克　　　　酱油 10 克　　　胡椒粉 3 克　　　味精 3 克
　　　　芝麻油 3 克　　　料酒 25 克　　　水豆粉 25 克　　姜 5 克
　　　　葱 5 克　　　　　鲜汤适量

【选料】选用涨发明嫩的鱿鱼。

【制作】

1. 鱿鱼改刀大片用沸水余去碱味，放入鲜汤中喂起；熟火腿、熟鸡肉切成长 3 厘米、宽 2 厘米的薄片；鸡枞菌片成薄片；鲜菜心入沸水，汩至断生；姜、葱洗净 姜拍破，葱切节。

2. 炒锅置旺火上，下化猪油烧至六成热，放入姜、葱煸香，掺鲜汤烧沸至香味逸出，捞去姜、葱不要，放入鸡枞菌片、鲜菜心、料酒、川盐、酱油、胡椒粉、味精烧沸入味，拈菜心放在盘中垫底。

3. 另将火腿片、鸡肉片和喂好汤的鱿鱼片沥干水分，一起倒入锅中微烧后捞出放于盘中的鲜菜上。

4. 锅内的汤汁用水豆粉勾二流芡，加芝麻油，淋入盘中食材上即成。

【风味特点】

色泽美观，质嫩味鲜。

【注意事项】

将鱿鱼换成墨鱼，成菜就是"红烧墨鱼"。

【学习要求】

1. 会涨发干鱿鱼。

2. 装盘要美观，勾芡汁稠稀适当。

【讨论复习题】

1. 制作过程中，料酒、芝麻油的作用是什么？

2. 还可变换哪些食材原料？

3. 鱿鱼余去碱味后用鲜汤多喂汤几次，效果尤佳。

热

菜

117

49. 烧太白鸡（咸鲜味型）

【烹法】烧

【主料】公鸡腿肉 300 克

【辅料】化猪油 500 克（耗 75 克）

【调料】川盐 3 克　　　　酱油 15 克　白糖 3 克　　　　料酒 10 克

干红辣椒 10 克　姜 25 克　　泡红辣椒 2 根　花椒约 40 粒

葱 25 克　　　　味精 3 克

【选料】嫩公鸡肉。

【制作】

1. 将鸡肉洗净余水，改成约 4 厘米长、3 厘米宽的条块；干红辣椒去柄去籽，切成节；泡红辣椒、葱切节、姜拍破。

2. 锅洗净置小火上，下化猪油烧至四成热，下鸡肉块浸炸一下，捞起待用。

3. 滗去锅内大量的油，仅留油 50 克烧至七成热，放入干红辣椒节炸成棕红色，下姜、葱炒香，掺清水，再放入鸡块、川盐、酱油、料酒、泡红辣椒节、花椒、白糖烧开，再将锅移至小火上烧 至鸡块炪软，收汁亮油，加入味精，推转起锅，捡去干红辣椒、泡红辣椒、姜、葱、花椒等不用，装盘即成。

【风味特点】

色泽红亮，炪而不烂，咸鲜微辣。

【注意事项】

1. 鸡肉块入油锅不宜浸炸过久，防止黏锅。

2. 在烧制过程中注意不能烧焦。

3. 成菜装盘时应捡去姜、葱、花椒、干红辣椒、泡红辣椒等不用。

【学习要求】

要求成菜色泽红亮，收汁亮油，咸鲜微辣。

【讨论复习题】

1. 在烹制过程中，注意哪些问题？

2. 为什么不用汤，要用清水烧制本菜肴，其理由是什么？

50. 干贝玉兔（咸鲜味型）

【烹法】烧

【主料】干贝 50 克

【辅料】净青菜头 1500 克

【调料】川盐 3 克　　味精 3 克　　白胡椒粉 3 克　　化鸡油 10 克

　　　　葱节 25 克　　姜片 10 克　　化猪油 25 克　　奶汤 300 克

　　　　水豆粉 10 克

【选料】选用上等干贝。

【制作】

1. 干贝洗净，用温水发涨，去筋，装蒸碗上笼蒸熟。

2. 青菜头去皮，削去老尖部分，切成 5 厘米长的条再用小刀削成兔形，共 20 只，放入沸水锅内氽水至六成熟，再用冷开水漂凉。

3. 炒锅洗净置中火上，下化猪油烧至六成热，放葱节、姜片炒香，掺入奶汤烧沸，捡去姜片、葱节，加入川盐、白胡椒粉、干贝、青菜头玉兔烧入味，将青菜头玉兔捞出摆放在盘中。

4. 锅继续置小火上，下水豆粉将锅内汤汁勾成二流薄芡汁，加味精，浇淋在玉兔上面，再滴上化鸡油即成。

【风味特点】

成菜色白，清香爽口。

【注意事项】

1. 选用青菜头中段，质嫩部分为佳。

2. 青菜头玉兔在沸水中不宜煮得过熟，断生即可。

3. 雕刻玉兔时要求随青菜头取形，玉兔应自然大方，造型美观。

【学习要求】

玉兔形态美观，装盘上桌时应配上两朵鲜花。

【讨论复习题】

在烹制过程中，怎样保持成菜造型美观？

热

菜

51. 海味什锦（咸鲜味型）

【烹法】烧

【主料】水发海参 200 克　　水发鱿鱼 150 克　　水发蹄筋 100 克

　　　　冬笋 150 克　　　猪心 50 克　　　猪舌 50 克　　猪肚 50 克

　　　　油炸圆子 125 克　熟鸡肉 100 克　熟鸭肉 100 克　熟火腿 50 克

【辅料】化猪油 100 克　　化鸡油 50 克　　豌豆尖 50 克

【调料】川盐 10 克　　　酱油 10 克　　　料酒 25 克　　味精 2 克

　　　　胡椒粉 2 克　　　姜米 3 克　　　鸡汤 750　　　鲜汤 1250 克

　　　　水豆粉 20 克　　冰糖色适量

【选料】选用水发刺参。

【制作】

1. 水发海参片成斧楞片、水发鱿鱼切条块、水发蹄筋切成节，分别用沸水汆过，再放入鸡汤喂起。

2. 猪心、猪舌、猪肚洗净、出一水后分别切成大一字条；熟鸡肉、熟鸭肉、冬笋也切成大一字条；火腿切成片。

3. 将豌豆尖放在开水中汆一下，立即捞起，摆在盘内垫底。

4. 锅置旺火上烧热，下化猪油 50 克烧至六成热，放入熟鸡肉、熟鸭肉微炒，加入猪心、猪舌、猪肚微炒，烹入料酒 25 克，下姜米、胡椒粉、酱油，加鲜汤 1250 克，加入冰糖色烧开，撇去浮沫，将锅移至微火上烧至各食料炽软，放入油炸圆子、冬笋烧 2 分钟，用漏瓢将锅内食材捞至盘中。

5. 将喂汤后的海参、鱿鱼倒入锅中的汤内微煮，用漏瓢捞起放在盘中食材上面。

6.锅内留汤，置火上，加味精、下水豆粉勾二流芡，淋在盘中食材上，再淋上化鸡油即成。

【风味特点】

用料丰富，色鲜味美，质感多样。

【注意事项】

1.在锅内烧制时，要注意火候，烧菜不能烧焦。

2.成菜时，主辅料要分别进行装盘，保证食材色泽美观。

3.在勾芡时，海味什锦的芡应勾稀一点。

4.灵活使用什锦菜式的主、辅食材。

【学习要求】

1.要正确掌握涨发海参、鱿鱼、蹄筋的技术。

2.灵活使用制作什锦的各辅料，

3.在制作过程中掌握主料、辅料的先后次序。

【讨论复习题】

1.涨发有刺参、无刺参的方法是否相同，具体方法是什么？

2.是否可以更换海味什锦的主料和辅料，应掌握什么原则？

3.成菜后，海味什锦应呈现什么颜色？

热

菜

52. 金串珠（家常味型）

【烹法】炸、烧

【主料】鳝鱼500克 嫩豌豆200克

【辅料】菜籽油500克（耗150克）

【调料】川盐5克   酱油10克   料酒25克   郫县豆瓣20克

大蒜25克   姜米5克   白糖3克   味精3克

花椒面3克   葱节15克   鲜汤适量

【选料】选用鲜活的鳝鱼。

【制作】

1.将鳝鱼刮后去骨、内脏，斩去头尾不用，切成6厘米长的粗丝。嫩豌豆淘洗干净；郫县豆瓣剁细；大蒜去皮，切成豌豆大的粒。

2.炒锅洗净置旺火上，下菜籽油烧至六成热，放入嫩豌豆炸一下，捞起备用。待油温升至七成热，下鳝鱼丝炸一下，捞起备用。

3.炒锅置旺火上，下菜籽油50克烧至七成热，下郫县豆瓣炒香，掺鲜汤烧开，郫县豆瓣打渣，加入鳝鱼丝、蒜粒、姜米、葱节、料酒、白糖、川盐、酱油等烧入味，加嫩豌豆略烧一下，收汁亮油，加入味精起锅装盘，最后撒上花椒面即成。

【风味特点】

色泽鲜艳，亮汁亮油，质嫩爽口，咸鲜微辣。

【注意事项】

1.鳝鱼要剔去刺骨，洗净血水。

2.成菜时鳝鱼丝要长短一致，粗细均匀。

【学习要求】

成菜后嫩豌豆要保持新鲜的形状和色泽。

【讨论复习题】

为什么要保持鳝丝形状完整，长度一致，原因是什么？

53. 红烧牛肉（家常味型）

【烹法】烧

【主料】新鲜黄牛肉 1000 克

【辅料】白萝卜 250 克　菜籽油 150 克

【调料】葱 25 克　　　　姜 25 克　　　料酒 25 克　　花椒 5 克

　　　　郫县豆瓣 100 克　八角 2 粒　　　桂皮 5 克　　　川盐 4 克

　　　　味精 3 克　　　　鲜汤适量

【选料】选用肋条、筋头。

【制作】

1. 新鲜黄牛肉用清水浸泡 1 小时，漂尽去血水，滤干水分，切成 3 厘米见方的块。入沸水氽后捞出待用。

2. 白萝卜削皮，切成 3 厘米见方的块。姜拍破；葱绾成结；郫县豆瓣剁细。

3. 锅置火上，放菜籽油烧至四成热，倒入郫县豆瓣炒香，掺鲜汤烧沸至香味逸出，打捞去除豆瓣渣，加入黄牛肉块、姜、葱、花椒、八角、桂皮、料酒、川盐，移至小火上烧至九成熟。

4. 锅内掺入鲜汤，将萝卜块倒入汤中煮透，再将萝卜块放入牛肉中合烧半小时，待牛肉炣糯，汁浓时捡去姜、葱加入味精即可起锅。

【风味特点】

颜色红亮，香味浓厚，牛肉炣糯，萝卜爽口。

【注意事项】

1. 制作红烧牛肉不能用旺火，鲜汤要一次加足。

2. 牛肉要烧炣，但不能烧散烂。

【学习要求】

要正确选用牛身不同部位的肉，成菜色泽红亮、汁浓味美。

【讨论复习题】

1. 用以上烹制方法和调料，还可制作什么菜品？

2. 红烧牛肉应选牛身哪个部位的肉作主料最好？

3. 烹制红烧牛肉时，除牛肉外还可加入哪些辅料？

热

菜

123

54. 豆渣猪头（咸鲜味型）

【烹法】烧

【主料】完整猪头1只（重约4500克）

【辅料】生细黄豆渣500克　　化猪油300克　　猪骨或鸡骨适量

　　　　鲜汤适量

【调料】冰糖色50克　　　姜35克　　　　葱100克　　　川盐35克

　　　　醪糟汁100克　　料酒150克　　八角10克　　　草果5克

　　　　豆蔻5克　　　　花椒20颗　　　胡椒15颗　　　味精3克

【选料】选用中等大小、肉厚新鲜干净的猪头1个。

【制作】

1. 姜洗净，用刀拍破；葱洗净，绾成结，连同花椒、胡椒、八角、豆蔻、草果用纱布包成香料包。

2. 用镊子镊净猪头上的残毛，从猪耳根部下刀切开并剔除头骨，将猪头肉放入已经燃烧但完全没有明火的炭火中烧烤，其间不断翻动使之被烧烤均匀。将烧好的猪头肉放温水中浸泡10分钟，用小刀刮洗，要特别注意用刀尖刮洗猪头缝中烧焦的黑点，将洗干净的猪头放入沸水中加料酒煮5分钟，捞出再用清水刮洗一次。取大锅装入鲜汤，同时放入川盐、料酒、醪糟汁、冰糖色和香料包，锅底用猪骨或者鸡骨垫底，放入猪头用旺火烧开后移至小火上继续烧。

3. 黄豆渣用纱布包好，在清水中浸泡搓尽豆浆汁，挤干水分，放入蒸碗中，上笼用旺火蒸20分钟，取出晾凉，挤干水分。

4. 炒锅洗净，置火上烧热，下化猪油150克烧至七成热，放入黄豆渣用中火不断翻炒，同时不断加油，待炒至豆渣酥香吐油时将锅端离火口待用。

5. 将已经烧耙的猪头捞出，盛于大圆盘中，将烧猪头的原汁倒入炒锅内，以中火熬浓，下炒酥的黄豆渣，加入味精和匀，浇于猪头四周即成。

【风味特点】

成菜外形美观大方，肉质㸆而不烂，豆渣酥香，猪头软糯。本菜为四川传统名菜。

【注意事项】

1. 猪头上的毛必须镊干净，猪头上的皱纹深处要用小刀刮洗干净。

2. 烧皮时一定要注意用火均匀，不能将猪皮烧烂，烧后要将猪头皮刮洗干净至呈黄白色。

3. 黄豆渣要炒得酥而不焦。

4. 锅中要用猪骨或者鸡骨垫底。

【学习要求】

1. 要求猪头肉㸆而不烂。

2. 黄豆渣酥香味浓色美。

【讨论复习题】

1. 怎样炒好黄豆渣？

2. 怎样对猪头进行初加工？

3. 在锅底垫骨头的作用是什么？

热

菜

55. 红烧大转弯（咸鲜味型）

【烹法】烧

【主料】鸡翅 10 只

【辅料】化猪油 125 克　　冬笋 125 克　　鸡汤 1500 克

【调料】姜 10 克　　　　葱头 30 克　　料酒 50 克　　芝麻油 15 克

　　　　酱油 5 克　　　　胡椒粉 3 克　　味精 3 克　　水豆粉 10 克

　　　　冰糖 50 克　　　　川盐 2 克

【选料】选用新鲜公鸡翅 10 只。

【制作】

1. 鸡翅用清水洗净，用刀斩成带弯的 2 节，将斩好的鸡翅放入开水中氽去血水，捞出备用。

2. 锅中放入 25 克化猪油，下冰糖炒成棕红色的糖色备用。冬笋洗净，切成梳子背；姜洗净，拍破；葱头切节。

3. 将锅置旺火上烧热，下化猪油 100 克烧至七成热，倒入鸡翅翻炒，烹入料酒，下姜、葱头炒出香味，加入酱油、川盐、胡椒粉、鸡汤、糖色，烧开后移至微火上，继续将鸡翅烧至八成熟，放入冬笋同烧。等鸡翅焖烧至熟软时，去掉姜、葱，加入味精，用漏瓢将鸡翅捞入盘内。

4. 锅里的汤汁用水豆粉勾二流芡，将芡汁淋于盘内的鸡翅上，再淋上芝麻油即成。

【风味特点】

此菜选用鸡身经常活动的部位鸡翅，经过生烧久焖，入口便觉肉质细嫩，配以冬笋同烧，味咸鲜爽口。

【注意事项】

1. 鸡翅入锅烧开后，一定要移至微火上慢慢烧，不能用旺火。

2. 在加冰糖色时，一定要掌握好量，以免颜色过深。

3. 一定要在鸡翅烧至八成熟时再加辅料同烧。

【学习要求】

1. 斩鸡翅的刀工要准确，斩的鸡翅节大小长度要均匀。

2. 掌握好烧鸡翅的火候。

【讨论复习题】

1. 一个鸡翅能斩成几节？

2. 如果没有冬笋做辅料，可换用哪些辅料？

3. 鸡翅烧到什么程度下冬笋才合适？

56. 麻婆豆腐（麻辣味型）

【烹法】烧

【主料】石膏豆腐 200 克

【辅料】牛肉 75 克　　菜籽油 75 克

【调料】豆豉 10 克　　　蒜苗 15 克　　　辣椒面 5 克　　　花椒面 3 克

　　　　酱油 10 克　　　川盐 3 克　　　　味精 3 克　　　　水豆粉 20 克

　　　　鲜汤 300 克

【选料】选用石膏豆腐。

【制作】

1. 石膏豆腐用刀切成 3 厘米见方的小块，放在碗内用开水泡两分钟除去石膏涩味，捞出沥干水分。牛肉洗净，剔去筋，剁细；豆豉剁细，待用；蒜苗洗净，切成 2 厘米长的节。

2. 炙锅后，锅置小火上，下菜籽油烧至六成热，放入牛肉用小铲来回铲动以免黏锅，至牛肉熵酥呈深黄色时，放入川盐铲几下，再放入豆豉，并用铲把豆豉按散炒匀，随即放入辣椒面，仍用铲来回铲动，当辣味逸出时，掺入鲜汤（如使用牛肉汤烧制其效果尤佳），然后放入豆腐烧 3~5 分钟，下蒜苗节，此时豆腐已烧烫，但颜色淡、味不浓，需放入酱油、味精，并两次放入水豆粉勾芡，用小铲将豆腐微微拨动几下，使豆腐均匀粘上水豆粉，盛于碗内后撒上花椒面即成。

【风味特点】

麻婆豆腐闻名全国，已有百余年历史，它具有入口鲜嫩、麻辣味浓厚的特点。

【注意事项】

1. 要使用开水氽漂豆腐，才能除尽石膏豆腐中的涩味。

2. 牛肉要去净碎骨和筋，剁成大小均匀的细颗粒。

3. 锅要洗干净，并炙锅，用热锅温油，防止豆腐黏锅。起锅前，勾芡 2~3 次为宜。

4. 在烧制过程中要保持豆腐形状完整。

【学习要求】

要求突出麻、辣、烫、鲜、圆、酥、香、嫩的特色。

【讨论复习题】

如何理解麻、辣、烫、鲜、圆（kūn 四川方言，完整的意思）、酥、香、嫩的特点，请阐明道理。

热

菜

127

57. 干烧臊子鲫鱼（咸鲜味型）

【烹法】煎、干烧

【主料】鲫鱼 3 条约 600 克

【辅料】猪肥瘦肉 100 克　化猪油 200 克　鲜汤 300 克

【调料】宜宾碎米芽菜 30 克　葱白 150 克　泡红辣椒 4 根　姜 10 克

　　　　大蒜 10 克　　　　　红酱油 25 克　白糖 2 克　　　味精 3 克

　　　　芝麻油 25 克　　　　料酒 15 克　　醪糟汁 20 克

【选料】选用新鲜肉肥的鲫鱼 3 尾。

【制作】

1. 鲫鱼刮去鳞，剖腹去内脏、鳃，用刀在鱼背两侧各划 4 刀，刀口深约 2 毫米，鱼尾修理整齐。

2. 泡红辣椒去柄、籽，切成节；葱白切节；姜洗净，去皮，切成姜米；大蒜切蒜米；猪肥瘦肉用刀剁成绿豆大的粒。

3. 取化猪油 100 克放入炒锅，置火上烧至八成热，放入鲫鱼两面煎黄。

4. 锅内留油 100 克，放入猪肉粒炒酥，依次放入泡辣椒节、姜米、宜宾碎米芽菜、蒜米、葱节炒出香味，加入红酱油、料酒、白糖、醪糟汁、鲜汤，放入煎鱼，在小火上烧 10 分钟，翻面再烧至汁干亮油，加芝麻油、味精，铲鱼入盘中，将臊子汁淋于鱼身上即成。

【风味特点】

鱼身完整不烂，肉质细嫩，鲜香浓郁，趁热食味道尤佳。

【注意事项】

1. 剖鱼时，不能弄破鱼胆，要洗干净血水。

2. 猪肥瘦肉不宜剁得太细，剁成绿豆粒状为宜。

【学习要求】

1. 能掌握好炸鱼、烧鱼的火候。

2. 烧出的鱼形状完整不烂，汁浓亮油。

【讨论复习题】

1. 这种菜还可采用哪种烹调方法？

2. 本菜和豆瓣鱼、红烧鱼有什么区别？

58. 酱烧冬笋（酱香味型）

【烹法】烧

【主料】鲜冬笋 1500 克

【辅料】化猪油 1000 克（约耗 150 克） 豌豆尖 250 克 鲜汤 100 克

【调料】甜酱 100 克 白糖 3 克 芝麻油 25 克 味精 3 克 川盐 5 克

【选料】选用肥嫩冬笋 1500 克。

【制作】

1. 冬笋去外壳，用刀修去粗皮和质地较老的部位，得净笋肉 750 克，洗净后切成 5 厘米长、1 厘米厚的条。

2. 炒锅置中火上，放入化猪油烧至六成热，下冬笋微炸呈翠白色，然后捞起待用。

3. 锅内留少许猪油烧至七成热，下豌豆尖，加川盐、味精微炒至变色，起锅装入盘中垫底。

4. 锅内再放入化猪油 100 克烧至六成热，下甜酱煵香，掺入鲜汤 100 克，加入冬笋同烧，下白糖烧至汁浓亮油，起锅时加入味精、芝麻油，倒在盘内的豌豆尖上即成。

【风味特点】

色泽棕黄，质感脆嫩，酱香浓郁。

【注意事项】

1. 油炸冬笋的火不能大，炸时动作要快，不能久炸。

2. 煵甜酱时火不能太旺，以免炒焦产生苦味。

3. 成菜时装盘见油不见汁，呈油香干酱状。

【学习要求】

1. 制作的冬笋应做到汁浓亮油不见汤。

2. 制作的菜肴甜咸酥香，冬笋脆嫩适口。

【讨论复习题】

1. 炸的烹制方法对本菜肴起什么作用？

2. 炒甜酱，怎样才能做到酥而不焦？

3. 除了烧冬笋，甜酱还可以用于烧制什么菜？

热
菜

59. 犀浦鲢鱼（家常味型）

【烹法】家常烧

【主料】鲜活鲢鱼 1000 克

【辅料】猪肥瘦肉 100 克　化猪油 1500 克（约耗 220 克）鲜汤 300 克

【调料】郫县豆瓣 100 克　　料酒 25 克　　味精 3 克　　　酱油 10 克

蒜 75 克　　　　　　白糖 35 克　　　泡红辣椒 4 根　姜 15 克

葱黄 100 克　　　　　醋 50 克　　　　水豆粉 20 克

【选料】选用鲜活仔鲢鱼。

【制作】

1. 将鲢鱼剖腹，去鳃、内脏后，洗净，在鱼脊处轻斩一刀。猪肥瘦肉切成细丝，码味码芡待用。

2. 姜、蒜去皮，用清水洗净，姜切成姜米，蒜切成蒜米；葱黄切成马耳朵形；郫县豆瓣用刀剁茸；泡红辣椒用刀剁茸。

3. 锅置旺火上烧热，放入化猪油烧至八成热，将鲢鱼放入炸至进皮，捞起备用。

4. 锅内留化猪油 100 克，置中火上烧至五成热，下猪肉丝煵散，加入郫县豆瓣茸、姜米、蒜米、泡红辣椒茸炒香，加入料酒、白糖、酱油、鲜汤，再下鲢鱼用微火慢烧 10 分钟，用锅铲将鱼身轻轻翻面，加葱黄再烧 5 分钟，加醋，将鱼轻轻铲入盘中。锅内滋汁放入味精，用水豆粉勾二流芡，下入化猪油 25 克，起锅淋在盘中鱼身上即成。

【风味特点】

颜色金红，咸甜微辣，鱼肉细嫩，鲜美可口。

【学习要求】

1. 掌握油炸鲢鱼的火候。

2. 烧鱼时保持鱼身完整和肉质细嫩，不能将鱼烧烂。

【讨论复习题】

1. 此菜最好选用什么鱼？

2. 油炸鱼时用什么火候？

3. 如果豆瓣不用刀剁细，可采取什么办法达到相同目的？

60. 酸辣蹄筋（酸辣味型）

【烹法】烩

【主料】干猪蹄筋 250 克

【辅料】化猪油 50 克　熟火腿 25 克　水发兰片 25 克　蘑菇 25 克

【调料】鲜汤 750 克　胡椒粉 10 克　川盐 5 克　醋 15 克

味精 2 克　酱油 5 克　姜米 10 克　葱花 5 克

水豆粉 15 克　芝麻油 5 克

【选料】选用质地优良的干猪蹄筋。

【制作】

1. 干猪蹄筋洗净晾干入温油浸泡 5 分钟后逐渐升高油温，用炒瓢在油锅里不断翻动，猪蹄筋松泡后捞入清水中浸泡回软。

2. 将猪蹄筋切成 4 厘米长的牙瓣条；火腿、水发兰片、蘑菇均切成长 4 厘米、宽 1 厘米、厚 0.5 厘米的小片。

3. 炒锅洗净置旺火上，下化猪油烧至五成热，放入猪蹄筋炒一下，掺入鲜汤，加入火腿、水发兰片、蘑菇片、姜米、川盐、酱油、味精、胡椒粉烧沸至香味逸出，用水豆粉勾清二流芡，加入醋，撒入葱花，淋芝麻油起锅装碗，配汤勺。

【风味特点】

猪蹄筋软糯，酸辣味浓，尤宜佐酒。

【注意事项】

起锅前加醋，酸味才恰到好处。

【学习要求】

1. 掌握油发蹄筋的方法。

2. 成菜酸辣味美，芡汁稠稀适当。

【讨论复习题】

1. 为什么要将猪蹄筋改切成 4 厘米长的牙瓣条？

2. 配料还可以变换使用哪些原料？

3. 照此烹制法还可以制作哪些菜肴？

热

菜

61. 三鲜鱿鱼（咸鲜味型）

【烹法】烩

【主料】水发鱿鱼 400 克

【辅料】化猪油 125 克　熟火腿 50 克　熟鸡肉 100 克　罐头蘑菇 50 克
　　　　时令蔬菜 200 克

【调料】水豆粉 15 克　　川盐 5 克　　　料酒 5 克　　　　葱白 50 克
　　　　味精 3 克　　　　胡椒粉 3 克　　化鸡油 20 克　　鲜汤适量

【选料】选质量上佳的鱿鱼。

【制作】

1. 鱿鱼改切成片，入热鲜汤中喂汤；熟火腿、熟鸡肉切成骨牌片；蘑菇片成片；葱白切成 6 厘米长的节；时令蔬菜心洗净汩水，晾凉；味精、水豆粉装碗内对成滋汁。

2. 锅置旺火上，下化猪油烧至六成热，先下葱节炒香，再放熟鸡肉、熟火腿、蘑菇片略炒几下，加料酒、鲜汤、川盐、胡椒粉烧入味，放鲜菜心烧半分钟，捞出各料摆于盘中。再将鱿鱼捞入锅内烧半分钟，捞起放盘内盖面。

3. 锅内留汤汁，烹入滋汁勾芡，加化鸡油略烧后，起锅淋在鱿鱼上即成。

【风味特点】

亮汁亮油，味鲜爽口。

【注意事项】

1. 鱿鱼在下锅前用无盐鲜汤喂汤。

2. 滋汁的要求不干不稀，制成二流芡。

3. 烧制鱿鱼的时间 1 分钟之内就可以了。

【学习要求】

掌握水发鱿鱼的方法；成菜质嫩味鲜。

【讨论复习题】

1. 为什么叫三鲜鱿鱼？

2. 烹制此菜时，辅料能否改用其他的？

3. 鱿鱼用无盐鲜汤喂汤的原因是什么？

62. 三鲜海参（咸鲜味型）

【烹法】烩

【主料】水发海参300克

【辅料】化猪油100克　　熟火腿50克　　冬笋50克　　熟鸡肉50克

【调料】川盐10克　　　酱油10克　　料酒25克　　　味精3克

　　　　胡椒粉3克　　　芝麻油5克　　水豆粉25克　　鲜汤适量

【选料】选用发透的刺参。

【制作】

1. 将水发海参片切成斧楞片，入沸水稍氽，再放入鲜汤喂起。

2. 冬笋洗干净，和火腿、鸡肉分别切成3厘米长、2厘米宽、3毫米厚的片。

3. 炒锅洗净置旺火上，下化猪油烧至六成热，放入火腿片、冬笋片稍炒烹入料酒，加鲜汤500克烧沸，下熟鸡肉、川盐、酱油、胡椒粉、味精烧沸入味，加入海参稍烧一下，将辅料捞于盘中垫底，海参盖面。

4. 锅内留汤汁继续置于火上，下水豆粉勾成二流芡，淋在海参面上，再淋上芝麻油即成。

【风味特点】

色泽红亮，海参炖糯，味醇而鲜。

【注意事项】

1. 主料改用鱿鱼即为三鲜鱿鱼。

2. 此菜也可以使用少量鲜菜心垫底。

【学习要求】

1. 熟练掌握涨发海参和喂汤的方法。

2. 烹制的成菜汤鲜味醇。

【讨论复习题】

1. 为什么海参要片切成斧楞片？

2. 本菜的烹制法还可用于烹制哪些菜肴？

热

菜

63. 鱿鱼烩肉丝（咸鲜味型）

【烹法】烩

【主料】水发鱿鱼 250 克

【辅料】猪肥瘦肉 150 克　　　化猪油 500 克（耗 125 克）

　　　　水发兰片 50 克　　　鸡蛋 1 枚

【调料】干细豆粉 10 克　　葱 5 克　　姜 5 克　　胡椒粉 3 克

　　　　蒜 5 克　　　味精 3 克　　　水豆粉 5 克　　酱油 5 克

　　　　川盐 3 克　　　鲜汤 250 克

【选料】选用无筋膜，肥三瘦七的猪肉。

【制作】

1. 鸡蛋敲破，取蛋清装碗里，加干细豆粉、1 克川盐调成蛋清豆粉。

2. 猪肥瘦肉切成长 6 厘米的二粗丝，加蛋清豆粉拌匀。

3. 水发鱿鱼用清水洗净，切成长 7 厘米、鱿鱼自然厚度的丝，入沸鲜汤喂汤 2~3 次。

4. 水发兰片洗净，切成与猪肉丝一样的丝；姜、蒜分别洗净，切成细丝；葱洗净，切成马耳朵形。

5. 炒锅洗净置旺火上，下化猪油烧至四成热，放入猪肉丝，用竹筷划拨散籽，加入姜丝、蒜丝、马耳葱、川盐、酱油、兰片丝、胡椒粉炒出香味，掺鲜汤烧沸至香味逸出，下水豆粉勾二流芡，放入味精和喂好的鱿鱼丝推转，淋入化猪油 25 克起锅装盘即成。

【风味特点】

成菜颜色白中带黄，肉丝细嫩，鱿鱼绵软，鲜美可口。

【注意事项】

1. 猪肉可选用里脊肉。

2. 鱿鱼要顺筋切丝，丝条才美观。

3. 猪肉丝下锅切忌油温过高，否则不易散籽。下锅后也不宜久煮，以香味逸出为度，避免肉丝变老，影响菜肴的品质。

4. 要将鱿鱼丝用汤喂好喂烫，才不影响菜肴香鲜味和品质。

5. 二流芡不宜勾得过浓，要保持汤汁滋润，又不致汤菜分家。

【学习要求】

1. 学会海产品喂汤技术。

2. 掌握炒肉丝、煮肉丝的火候，保证肉丝下锅散籽良好。

3. 掌握好下鱿鱼丝的时机。

4. 成菜要做到汤汁不清不浓，入味可口。

【讨论复习题】

1. 请讲述水发鱿鱼的过程。

2. 怎样切鱿鱼丝才能保持丝条完整？

3. 为什么要用水豆粉码肉丝？

4. 为什么肉丝下锅只用四成热油温，油温过高或过低会出现什么后果？

5. 为什么鱿鱼丝要提前喂好？

6. 为什么要在勾芡后才下鱿鱼丝？

7. 为什么勾芡要不清不浓？

8. 采用本菜的烹制法，更换食材还可以制作哪些菜肴？

热

菜

64. 烩千张(家常味型)

【烹法】烩

【主料】千张 10 张

【辅料】猪肥瘦肉 100 克　　韭黄 100 克　　混合油 100 克　　葱花 10 克

【调料】郫县豆瓣 50 克　　　花椒面 5 克　　川盐 3 克　　　胡椒粉 3 克
　　　　酱油 10 克　　　　　味精 3 克　　　水豆粉 15 克　　鲜汤 250 克

【选料】选用无筋膜、肥三瘦七的猪肉。

【制作】

1. 千张切成韭菜叶宽的丝，放入沸水内汆去碱味，捞起后另用沸水微煮，然后放入清水浸漂后沥干水分。

2. 猪肥瘦肉洗净，切成二粗丝，加 5 克水豆粉、川盐码味码芡；郫县豆瓣剁细；韭黄洗净，切成段。

3. 炒锅洗净置旺火上，下混合油烧至六成热，放入猪肉丝炒散，加入郫县豆瓣煸炒上色至香味逸出，放入千张丝炒转，掺入鲜汤，加酱油、胡椒粉烧沸，下 10 克水豆粉勾二流芡，放入葱花、韭黄段，下味精推匀，起锅装盘，撒上花椒面即成。

【风味特点】

色泽红亮，麻辣烫鲜，绵软细嫩，佐酒下饭均宜。

【注意事项】

1. 千张又称为腐衣、腐竹，加工时不能切得过细，以免断丝。

2. 千张丝下沸水汆水的时间不能过久。

3. 烩千张时一定烩至入味，否则风味不佳。

4. 郫县豆瓣要煸炒酥香，才能保证成菜品质。

【学习要求】

色泽金红，汁浓油亮，麻辣烫鲜，不焰不焦。

【讨论复习题】

1. 千张丝为什么要沸水汆水后略煮，然后用清水反复浸漂？

2. 为什么千张一定要切成丝子而不切片子，这在烹调上的作用何在？

3. 在火候上采取什么措施，才能将千张丝烩烫而不焦焰？

4. 如何操作才能做到色泽金红，汁浓油亮，麻辣烫鲜，不焰不焦？

65. 五香脆皮鸡（五香味型）

【烹法】蒸、炸

【主料】公鸡 1 只（重约 1 500 克）

【辅料】菜籽油 2 000 克（耗 100 克）

【调料】花椒面 15 克　　芝麻油 5 克　　料酒 50 克　　　白糖 2 克

　　　　饴糖 75 克　　　葱 50 克　　　五香粉 25 克　　川盐 10 克

　　　　老姜 25 克　　　味精 3 克

【选料】选用公鸡或者嫩母鸡 1 只。

【制作】

1. 鸡宰杀，去毛、内脏、喉管，宰去翅尖、脚爪，用清水洗净，入沸水汆一下，除去血腥味。

2. 碗内装川盐、白糖、五香粉、花椒面、料酒调匀，抹遍鸡的全身内外；将姜拍破，葱绾成结，塞入鸡肚。将鸡放入笼内，用旺火蒸熟出笼，趁鸡身尚热，均匀抹上饴糖。

3. 菜籽油 2 000 克倒入炒锅，置旺火上烧至八成热，将鸡放入炸成金黄色，起锅晾冷，剔去大骨，宰成一字条，摆入盘内。

4. 蒸鸡的汁水约 250 克，加上芝麻油、味精调匀，用味碟盛好，和鸡一同上桌。

【风味特点】

此菜外皮酥脆，肉质鲜嫩，鲜香味美，是佐酒佳肴。

【注意事项】

1. 在抹调料时，要将鸡的全身内外抹匀，肉厚处可多抹些，鸡嘴里也要抹上调料。

2. 要掌握好蒸鸡的火候，不宜蒸得过㶽，蒸至刚熟为宜。

3. 装盘时头、颈、翅垫底，胸脯等盖面，造形美观大方。

4. 如果不要味碟，可将调好的味汁淋于装好盘的鸡条上。

【学习要求】

1. 掌握好火候，使鸡肉软糯适度；炸皮时要求皮金黄不焦、皮脆。

2. 宰鸡条不烂，装盘整齐美观。

【讨论复习题】

1. 五香粉是由哪些香料组成的？

2. 为什么要在八成热的油锅中炸鸡？

3. 成菜没有味碟时，该怎么做？

热

菜

66. 椒盐里脊（椒盐味型）

【烹法】炸

【主料】猪里脊肉 250 克

【辅料】菜籽油 750 克（耗 75 克）　　鸡蛋 2 枚

【调料】干豆粉 30 克　　料酒 10 克　　芝麻油 15 克　　川盐 3 克

　　　　姜 5 克　　　　葱 10 克　　　　花椒面 10 克　　味精 5 克

【选料】去筋猪里脊肉

【制作】

1. 鸡蛋和干豆粉调为浓糊状为全蛋豆粉；姜洗净，拍破；葱择洗干净，切成节。

2. 猪里脊肉片切成 1 厘米厚的肉片，先直刀割十字花刀，再改成一字条，装入碗内，放入姜、葱、料酒、川盐码味 10 分钟，捡去姜、葱不用，加入全蛋豆粉糊拌匀。

3. 锅置旺火上，下菜籽油烧至五成热，下猪肉条搅散，约炸 3 分钟，用漏瓢捞入盘中，用筷子把黏住的肉条分开。

4. 待锅内油温升至七成热时，再下猪肉条炸至金黄色、外酥内嫩时，滗去炸油，加入芝麻油簸匀起锅，盛于盘中，取小碗放入花椒面、川盐、味精对成椒盐味碟随菜上桌即成。

【风味特点】

色泽金黄，外酥内嫩，香麻爽口，佐酒最宜。

【注意事项】

1. 花椒面和炒过的盐按 3:1 的比例均匀混合称为椒盐。

2. 认真选料，猪肉干净无筋，片切的肉条应花刀均匀，粗细一致。

3. 全蛋豆粉糊不能太干，也不宜过稀，要适中。

4. 炸肉条时掌握好两次下油锅的油温，才能保证成菜质量要求。

【学习要求】

1. 掌握选择原料的方法和调制椒盐味碟的技术。

2. 炸猪肉条的火候应适中，肉条入锅不能黏成团、不能没有断生、不能炸煳。

3. 成菜要求做到外酥内嫩。

【讨论复习题】

1. 猪肉在改刀时，除花刀外，还可以怎样改刀？

2. 为什么猪肉条要分两次油炸？

3. 两次油炸里脊肉条的不同油温对菜肴有什么影响？

67. 香酥鸭子（五香味型）

【烹法】蒸、炸

【主料】肥鸭1只（重约1500克）

【辅料】菜籽油1000克（耗100克）　生菜150克

【调料】川盐7克　　　姜7克　　　　葱15克　　　花椒10粒

　　　　料酒35克　　五香粉10克　芝麻油5克　白糖5克

　　　　醋5克　　　味精2克

【选料】选用皮白、毛孔细小的肥嫩鸭子。

【制作】

1. 姜洗净，拍破；葱择洗干净，绾成结；生菜切成丝，加入川盐、白糖、醋、味精、芝麻油拌好装入生菜菜碟。

2. 鸭子宰杀后，去净毛、足、翅尖，剖腹去内脏，清洗干净，鸭腹腔里外抹上川盐，放入盆内，将姜、葱结、花椒、料酒、五香粉抹匀在鸭身上，装盆入笼蒸熟，捡去姜、葱、花椒。

3. 锅置旺火上，下菜籽油烧至八成热，放入蒸熟的鸭子油炸呈金黄色，待皮酥香时捞起斩条块摆放条盘一端，刷上芝麻油。条盘另一端摆上生菜菜碟上桌即成。

【风味特点】

皮酥肉嫩，色泽金黄。

【注意事项】

1. 鸭剖腹后，抠净心肺。

2. 码味时，肉厚处多抹一些，才入味。

3. 蒸鸭时，用牛皮纸一层封住盆口。

4. 油温要高一些进行炸制。

【学习要求】

掌握蒸、炸操作工序，做到皮酥肉嫩味香。

【讨论复习题】

1. 烫鸭后应注意什么？如何去净鸭身的细毛？

2. 什么叫"大开"和"小开"，区别在那里？

3. 如何做到皮酥、味香、色黄？

4. 香酥鸭与锅烧鸭有什么不同？

热

菜

68. 脆皮鲜鱼（糖醋味型）

【烹法】炸熘

【主料】鲜鲤鱼 1 尾（重约 750 克）

【辅料】菜籽油 2000 克（耗 200 克）

【调料】泡红辣椒 3 根　　葱 50 克　　　姜米 10 克　　蒜米 10 克

　　　　香菜 10 克　　　水豆粉 250 克　酱油 5 克　　川盐 5 克

　　　　料酒 15 克　　　白糖 30 克　　　醋 30 克　　　芝麻油 15 克

　　　　味精适量　　　　鲜汤 300 克　　味精 3 克

【选料】鲜鲤鱼 1 尾

【制作】

1. 鱼去鳞、鳃和内脏，清洗干净，擦干鱼身水分，在鱼身两面相对称、等距离剞刀六七刀，先直刀后平刀。用川盐、料酒码味，将水豆粉均匀地涂抹在鱼身上，注意翻开、划开的地方，也要涂抹上水豆粉。

2. 葱择洗干净，一半切葱花；剩下的和泡红辣椒切成细丝，用清水漂起。

3. 取碗装入酱油、水豆粉、料酒、白糖、醋、川盐、味精、芝麻油对成滋汁。

4. 锅置旺火上，倒入菜籽油烧至八成热，提起鱼尾，用锅勺反复舀几次热油浇淋鱼身两面，再投入锅中，炸至鱼身呈深黄色，捞出放于条盘中。如鱼身过大或油温不够可炸两次。

5. 锅内留热油 100 克，下姜米、蒜米、葱花炒出香味，将提前对好的滋汁加鲜汤后烹入锅中搅匀，等收成浓汁并起小泡时，将炸好的鱼用手拍松，将滋汁淋于盘中鱼身上，再撒上葱丝、泡红辣椒丝、香菜即成。

【风味特点】

鱼形完整，大方美观，颜色金黄，外酥内嫩，有浓郁的糖醋香味。

【注意事项】

1. 鱼鳞要刮净，豆粉要用水泡透，炸鱼时捞净豆粉渣，以免入油锅时发生炸溅。

2. 炸鱼的火候不能过大，以免鱼皮焦煳。在鱼肉还未断生的情况下，如火候较小可将鱼炸两次。

3. 熟练掌握糖醋味型糖醋比例及调料用量。

【学习要求】

1. 熟练掌握处理鱼的刀法。

2. 掌握好炸鱼的火候。成菜要求外酥内嫩，鱼头不生，亮油亮汁，甜酸味美。

【讨论复习题】

1. 剖鱼时有哪些注意事项？

2. 烹滋汁时，为什么要将炸好的鱼用手拍松？

3. 为什么脆皮鱼上席时要撒上葱丝、泡红辣椒丝、香菜？

4. 为什么烹制脆皮鱼要选用鲤鱼？

热

菜

69. 锅巴肉片（荔枝味型）

【烹法】炸、炒、烩

【主料】大米锅巴 200 克　　猪肉 150 克

【辅料】水发香菌 25 克　　　水发兰片 50 克

　　　　菜籽油 1000 克（耗 100 克）　化猪油 50 克

【调料】葱白 10 克　　姜片 5 克　　　蒜片 5 克　　　泡红辣椒 2 根

　　　　酱油 5 克　　　水豆粉 20 克　白糖 25 克　　　醋 20 克

　　　　川盐 5 克　　　味精 3 克　　　料酒 5 克　　　鲜汤 400 克

【选料】选颜色金黄、干脆的大米锅巴，锅巴不宜太厚；猪肉选用二刀瘦肉。

【制作】

1. 水发香菌、水发兰片分别片切成薄片，用开水氽过，备用。

2. 葱白择洗干净，切成马耳朵形；泡红辣椒去蒂去籽切成马耳朵形；锅巴用手撕成约 6 厘米见方的块。

3. 猪瘦肉横着肉纹切成 5 厘米长、2 厘米宽的薄片，用料酒、川盐、水豆粉码味码芡。

4. 锅置旺火上，下化猪油烧至七成热，将肉片入锅快速炒散，加姜片、蒜片、泡红辣椒、马耳朵葱、香菌片、玉兰片炒出香味，掺入鲜汤，加川盐、酱油、白糖、料酒、醋、味精入味后，下水豆粉勾成清二流芡加醋盛入大碗中。

5. 菜籽油倒入锅中，烧至七成热时倒入锅巴炸至油面浮起，色呈金黄色，用漏勺捞入大圆盘中，舀少许沸油入盘，然后将锅巴和肉片汁

碗同时端出。锅巴在桌上放定后，立即将带汁的肉片淋在锅巴上，发出
"哗"的一声，盘中散发浓郁的甜酸香味。

【风味特点】

肉片鲜嫩，锅巴酥香，甜酸爽口。

【注意事项】

1.要用旺火、旺油，锅巴才能炸酥脆而不顶牙，锅巴一定要炸酥透。

2.滋汁不宜过浓。

【学习要求】

1.肉片应该炒散，肉质要鲜嫩。

2.正确掌握炸锅巴的火候，炸到酥而不煳。

3.明油不能过多，上席时要听到"嗞嗞"响。

【讨论复习题】

1.利用锅巴还可以烹制哪些类似的菜肴?

2.要把锅巴炸得酥脆，必须注意哪些问题?

3.锅巴顶牙的原因是什么?

热

菜

70. 软炸扳指（糖醋味型）

【烹法】蒸、清炸

【主料】猪肥肠 3 段（重约 1000 克）

【辅料】菜籽油 1000 克（耗 50 克）　　生菜 100 克

【调料】姜 15 克　　　　葱 25 克　　　　花椒 10 粒　　　料酒 35 克

　　　　酱油 15 克　　　川盐 35 克　　　白糖 15 克　　　醋 20 克

　　　　水豆粉 10 克　　芝麻油 15 克　　味精 3 克　　　鲜汤适量

【选料】选肉厚质佳的猪肥肠头 3 段。

【制作】

1. 将猪肠头用清水洗两次，沥干水分，加川盐再搓洗两次，除去黏液，并将猪肥肠头翻开，撕去附着的杂质和脏物，保留肠上的肠油，再用清水反复清洗几次，直到肠头白净为止，然后放入开水内加料酒约余 10 分钟，以除去腥味。捞出修齐两端，用大碗盛起，加姜、葱、料酒、花椒、川盐码渍 10 分钟，再加适量鲜汤，上笼用旺火蒸 3 小时至肥肠头起皱。

2. 将酱油、白糖、醋、芝麻油、水豆粉、料酒、川盐、鲜汤对成滋汁。

3. 姜、蒜混合剁细；生菜洗净，切为细丝，用清水漂过，再沥干水分。

4. 取碗装入生菜，放入川盐、白糖、醋、芝麻油、味精混匀拌好，装入菜碟待用。

5. 锅置吐火上，下菜籽油烧至八成热，将蒸好的肠头取出，揿干水分，趁热抹上少许红酱油，用竹签戳些气眼，顺着锅边放入，立即用炒瓢拨横，不断翻动油炸，当肥肠头炸成深红色时滗去炸油，淋芝麻油起锅。

6. 将油炸好的肥肠头用刀切成 1.5 厘米厚的圆圈，摆放在餐盘的一端，另一端放拌好的生菜。

7. 锅内放入菜籽油 25 克，放入姜、蒜米、葱花略炒，烹入对好的糖醋滋汁，分盛于两个汤杯内与扳指一同上桌即成。

【风味特点 】

色泽深红，皮酥里嫩，鲜香化渣。配以拌生菜或蘸吃糖醋滋汁各有风味。肥肠头炸后切成圆圈形，似射箭时戴在手上的扳指，故名。

【注意事项 】

1. 剔去靠近肛门的猪大肠肠头不用。

2. 肠头一定要蒸至熟透，油炸时上色油温要高，才能做到成菜呈深红色。

【学习要求 】

1. 认真选料，要洗净肥肠头的杂质和异味。

2. 肥肠头要蒸炟，掌握好炸肠头的火候。肥肠头表面要炸酥成深红色，但是不能炸煳。

【讨论复习题 】

1. 为什么肥肠头要蒸过才能下油锅炸？

2. 为什么蒸肠头时不上色，而在油炸时才上色？

3. 生菜为什么不能提前拌好装盘？

4. 除用盐外，还可用哪些材料清洗肥肠头。

热

菜

71. 鱼香茄饼（鱼香味型）

【烹法】炸、熘

【主料】茄子 400 克

【辅料】肥瘦肉 15 克　　菜籽油 1000 克（耗 150 克）　　鸡蛋 2 枚
　　　　鲜汤适量

【调料】葱花 150 克　泡红辣椒 5 根　姜米 10 克　　　蒜米 15 克
　　　　川盐 2 克　　料酒 5 克　　酱油 10 克　　白糖 15 克
　　　　醋 15 克　　味精 3 克　　水豆粉 15 克　干细豆粉 20 克

【选料】选大小均匀，形状笔直的新鲜茄子。

【制作】

1. 茄子去皮，切去过粗的头部和较细的尾部不用，两刀一断横切成约 2 厘米厚、大小均匀的火夹片。

2. 肥瘦肉去筋剁细，加川盐、味精、料酒、酱油、水豆粉、半枚鸡蛋液拌匀成肉馅，将肉馅瓢入茄片，共 24 片。

3. 蛋液与干细豆粉混合调成蛋糊；泡红辣椒去柄、籽，剁细。

4. 将酱油、川盐、白糖、醋、味精、水豆粉、鲜汤对成滋汁。

5. 锅置旺火上，菜籽油入锅烧至七成热，改用小火，然后将瓢好的茄饼放入蛋糊内先裹边沿，再裹全部，裹好后逐一入锅油炸，一边裹蛋糊油炸进皮，一边将炸好的茄饼捞起。

6. 炸完茄饼后，调成旺火，待锅内油烧至八成热时，再将茄饼全部倒入炸至金黄色，捞起盛入盘中。

7. 滗去锅内大量的油，仅留 75 克，下泡红辣椒茸、姜米、蒜米炒至油呈红色时，将对好的滋汁烹入锅中，待滋汁收浓，撒入葱花，将鱼香滋汁淋于盘中茄饼上即成。

【风味特点】

色泽金黄，皮酥馅嫩，鱼香味浓，别具风格。

【注意事项】

1.馅心宜拌淡味，茄饼中馅心不能瓤入过多。

2.蛋糊宜稀不宜干。

3.茄饼瓤好裹糊后立即入锅油炸，不可久放，以免吐水。

4.熟练操作茄饼·边裹、一边炸、一边捞工序。

【学习要求】

掌握好炸茄饼的火候，做到不生不煳、不炸破、不漏馅，并突出鱼香味。

【讨论复习题】

1.为什么炸茄饼的油烧至七成热时要减小火力？

2.为什么要一边裹、一边炸、一边捞？

3.除鱼香味外，茄饼还可做成哪些味型？

4.茄子大量上市时能否做此菜，为什么？

热

菜

72. 锅烧全鸭（咸鲜味型）

【烹法】蒸、炸

【主料】嫩肥鸭 1 只（约 1500 克）

【辅料】菜籽油 1500 克（耗 100 克）　生菜 100 克

【调料】料酒 50 克　　葱 50 克　　姜 15 克　　川盐 15 克

　　　　醋 5 克　　　味精 3 克　　花椒 10 粒　白糖 5 克

　　　　酱油 5 克　　芝麻油 15 克

【选料】选用肥嫩鸭子。

【制作】

1. 姜洗净，拍破；葱择洗干净，绾成结；生菜洗净切丝，加入川盐、白糖、醋、味精、芝麻油拌成糖醋生菜装入菜碟。

2. 将鸭宰杀后去毛，开小口去内脏，清洗干净，放入沸水锅内余一下，揩干水分。斩去鸭翅尖和鸭脚。鸭身内外均匀抹上川盐、酱油、料酒，然后放入盆内，把姜、葱结、花椒粒放在鸭身上，入笼蒸熟，捡去姜、葱、花椒不用，揩干鸭身水分。

3. 锅置旺火上，下菜籽油烧至八成热，放入蒸熟的肥鸭油炸呈金黄色，待皮酥时滗去炸油，淋上芝麻油后盛于盘中，配上糖醋生菜上桌即成。

【风味特点】

色泽金黄，皮酥肉嫩，配上生菜后别具风味。

【注意事项】

1. 鸭子要去净绒毛和短毛。

2. 鸭子内外抹上川盐，肉厚处应多抹一点，使其入味。

【学习要求】

掌握蒸、炸过程的要点，油炸后达到酥松化渣、色香俱佳。

【讨论复习题】

1. 锅烧全鸭与香酥鸭子有无区别？

73. 鱼香蛋饺（鱼香味型）

【烹法】摊、炸

【主料】鸡蛋 5 枚

【辅料】猪肥瘦肉 150 克　　马蹄 5 颗　　菜籽油 500 克（耗 100 克）

【调料】鲜汤 200 克　　　川盐 2 克　　　　酱油 25 克　　白糖 10 克

　　　　姜米 5 克　　　　蒜米 10 克　　　　葱花 50 克　　味精 3 克

　　　　醋 10 克　　　　泡红辣椒 3 根　　　水豆粉 25 克

【选料】选用新鲜鸡蛋。

【制作】

1. 马蹄洗净削皮，切成细颗；泡红辣椒去柄、籽，剁成细茸；肥瘦肉洗净，剁成细粒。

2. 酱油、白糖、味精、川盐、鲜汤、水豆粉装碗内对成滋汁。

3. 取碗放肉粒、川盐 2 克、料酒、味精 3 克、马蹄粒、水豆粉拌成馅料。

4. 鸡蛋去壳倒入碗中搅匀，平底锅置火上，倒入蛋浆用小火摊成蛋皮后揭起，改成直径 6 厘米的园形蛋皮。用蛋皮包入馅料，对角折叠后捏合封口，做成半圆形蛋饺。

5. 锅置中火上，下菜籽油烧至五成热，放入蛋饺炸成金黄色，捞起装盘。

6. 锅中留油 50 克，加入泡红辣椒茸、姜米、蒜米炒香，烹入滋汁，加醋、葱花和匀，收汁亮油，浇于蛋饺上即成。

【风味特点】

色泽金黄，外酥内嫩，鱼香味浓。

【注意事项】

1. 蛋皮要摊得厚薄均匀，不煳不焦。

2. 蛋饺不要炸得过老和焦脆，形状美观整齐。

3. 鱼香汁要求不浓不稀。

【学习要求】

1. 掌握摊蛋皮的技术。

2. 蛋饺应包得形状美观整齐。

3. 成菜外酥内嫩，鱼香味浓。

【讨论复习题】

怎样做才能使蛋饺外酥内嫩？

热

菜

74. 鹅黄肉(鱼香味型)

【烹法】卷、摊、炸

【主料】猪肥瘦肉 250 克

【辅料】鸡蛋 6 枚　菜籽油 1000 克(耗 100 克)

【调料】川盐 2 克　　　酱油 5 克　　　料酒 10 克　　　葱花 10 克

胡椒粉 3 克　　泡红辣椒 4 根　　醋 15 克　　　鲜汤 100 克

味精 3 克　　　白糖 15 克　　　姜米 10 克　　　蒜米 10 克

干豆粉 20 克　　水豆粉 30 克

【选料】选用肥三瘦七比例猪肉。

【制作】

1. 泡红辣椒剁茸;取碗装入白糖、醋、鲜汤对成滋汁。20 克干豆粉与 1 枚鸡蛋液调成豆粉蛋糊。

2. 鸡蛋 4 枚敲破,将蛋液倒入碗里加川盐搅散调匀。平底锅置火上,倒入鸡蛋液摊成蛋皮。

3. 猪肥瘦肉剁细装碗,加料酒、川盐、酱油、姜米 5 克、葱花 5 克、水豆粉 20 克、胡椒粉、味精、1 枚鸡蛋液拌匀成肉馅。

4. 蛋皮铺开,均匀抹上豆粉蛋糊,将肉馅包入并用手折压成 6 厘米宽、2 厘米厚的扁形蛋卷,用刀在蛋卷宽度的二分之一处五刀一断,切成 14 节。

5. 锅置旺火上,下菜籽油烧至七成热,放入切好的蛋卷炸熟,形似佛手后捞起入盘。锅内留油约 10 克,放入泡红辣椒茸、姜米、蒜米熵红熵香,烹入对好的滋汁,撒入葱花,淋于蛋卷上即成。

【风味特点】

色泽金黄,皮酥馅嫩,鱼香味浓。

【注意事项】

1. 鸡蛋敲破入碗后要均匀搅散。

2. 蛋液倒入锅内摊的蛋皮要厚薄均匀,蛋皮完整。

【学习要求】

1. 掌握摊制完整、均匀的蛋皮的要点;炸蛋卷要做到皮酥馅嫩味浓。

【讨论复习题】

1. 本菜为什么取名"鹅黄肉"?

2. 怎样操作才能皮酥馅嫩?

75. 糖醋里脊（糖醋味型）

【烹法】炸、熘

【主料】猪里脊肉 250 克

【辅料】鸡蛋 2 枚　化猪油 40 克　菜籽油 750 克（耗 100 克）

【调料】川盐 2 克　　　料酒 5 克　　　醋 25 克　　　白糖 20 克
　　　　姜 10 克　　　　芝麻油 3 克　　蒜 15 克　　　葱花 10 克
　　　　干豆粉 20 克　　水豆粉 8 克　　鲜汤适量

【选料】新鲜猪里脊肉。

【制作】

1. 将猪里脊肉去筋，用刀片成 2 厘米厚的片，用刀拍松，直刀剞十字花刀后切一字条，加料酒、川盐码味；鸡蛋敲破入碗搅匀，加入干豆粉成全蛋糊，放入码味后的一字肉条粘裹均匀。

2. 姜、葱洗干净，蒜去皮洗净，分别切成姜米、蒜米、葱花。

3. 白糖、醋、葱花、鲜汤、水豆粉对成滋汁。

4. 锅置旺火上，下菜籽油烧至七成热，将肉条逐一放入油锅内炸成金黄色，待肉条表面酥脆时捞起。

5. 另取锅置火上，放入化猪油烧化，下姜米、蒜米炒香后，烹入滋汁收浓，放入炸好的里脊肉条和醋簸匀，淋上芝麻油起锅入盘即成。

【风味特点】

色泽金黄，肉质酥软，甜酸味浓。

【注意事项】

1. 如果油炸里脊肉条的火力不够，可将其捞起，待油温升高时再放入炸至金黄色。

2. 糖醋的比例要恰当，才能调配出酸甜风味。

3. 烹入滋汁后，放点芝麻油，可使成菜发亮。

【学习要求】

掌握好炸制肉条的油温。

【讨论复习题】

此菜除了烹制糖醋味型外，还可做成什么味型？

热

菜

煮

76. 水煮牛肉（麻辣味型）

【烹法】煮

【主料】牛肉 250 克

【辅料】化猪油 150 克　　青笋尖 100 克　　芹菜 10 克　　蒜苗 25 克

【调料】干红辣椒 20 克　　花椒 20 粒　　　姜米 3 克　　川盐 3 克

　　　　郫县豆瓣 10 克　　料酒 5 克　　　　酱油 5 克　　水豆粉 20 克

　　　　味精 3 克　　　　　鲜汤适量

【选料】选用去筋的牛腰柳肉、扁担肉均可。

【制作】

1. 牛肉切成 6 厘米长、3 厘米宽的薄片，装碗里加水豆粉、川盐、料酒码味码芡。

2. 青笋尖洗净后切成 6 厘米长的片；芹菜、蒜苗择洗后切成 6 厘米长的节；郫县豆瓣剁细；干红辣椒切成节。

3. 锅置旺火上，下化猪油 100 克烧至六成热，下干红辣椒节略炸一下，放花椒炸至深红色捞出，用刀铡细成刀口海椒。

4. 油锅中即下郫县豆瓣炒至油呈红色，下笋尖片、芹菜节、蒜苗节微炒，再加入鲜汤、料酒、酱油、川盐、姜米、味精，煮至蔬菜断生，用漏瓢捞入碗中垫底，再将码好味的牛肉片抖散下入锅中，用筷子轻轻拨散，煮 2~3 分钟至肉片刚熟即盛于碗中的蔬菜上，撒上铡细的刀口海椒，再将化猪油 50 克烧至八成热淋于肉片上即成。

【风味特点】

色红味厚，成菜滑、嫩、鲜、麻、辣、烫。冬季食用最宜。

【注意事项】

1. 水豆粉要稀稠适度，码肉片比炒肉片用的水豆粉要多一些。

2. 肉片下锅必须用筷子拨散，避免肉片黏连成团。

【学习要求】

选料精，制作精细，成菜色红肉嫩，蔬菜新鲜，味美可口。

【讨论复习题】

1. 成菜后淋热油的目的是什么？干红辣椒炸至什么颜色最好？

2. 本菜码肉片时水豆粉用量较多的原因是什么？

77. 水煮肉片（麻辣味型）

【烹法】煮

【主料】猪瘦肉 300 克

【辅料】青笋 150 克　　嫩芹菜 150 克　蒜苗 50 克　混合油 150 克

　　　　干红辣椒 15 克　郫县豆瓣 10 克　川盐 2 克　　酱油 5 克

　　　　料酒 5 克　　　　姜 3 克　　　　花椒 20 粒　味精 3 克

　　　　水豆粉 20 克　　鲜汤适量

【选料】选用猪里脊肉或腰柳肉。

【制作】

1. 青笋洗净，去皮、叶，切成长约 5 厘米的薄片；嫩芹菜、蒜苗洗净切成约 5 厘米长的节；干红辣椒去柄、籽，切成短节；姜去皮，切姜米；郫县豆瓣剁细。干红辣椒、花椒用油炸后，用刀铡成细末成刀口海椒。

2. 猪瘦肉洗净，切成 4 厘米长、3 厘米宽的薄片装碗内，加川盐、料酒、水豆粉码芡。

3. 锅置旺火上，放入混合油七成热时，加入青笋片、嫩芹菜，蒜苗节，放川盐少许，炒至断生，装大碗内垫底。

4. 锅内放油，入郫县豆瓣、姜米焗红炒香，加入料酒、酱油、鲜汤、味精烧沸，将码好的肉片抖散下锅，划拨煮熟，舀入碗中垫底的蔬菜上，撒入刀口海椒，烧热油淋上即成。

【风味特点】

色红味厚，麻辣咸烫鲜，尤其适宜冬天进食。

【注意事项】

1. 码猪瘦肉片的水豆粉用量稍多一些，要码得干稀适度。

2. 猪瘦肉片下锅后竹筷轻微拨散，避免脱芡。

3. 如使用冷的红辣椒油，成菜颜色更显红亮。

【学习要求】

掌握火候，做到麻辣咸烫鲜。

【讨论复习题】

1. 里脊肉、腰柳肉属于猪身的什么部位，它们的特点是什么？

2. 本菜为什么叫"水煮"肉片，从何处体现出来？

3. 青笋最好切成什么样的片，与肉片的配合比是多少？

热

菜

153

78. 金钩菜心（咸鲜味型）

【烹法】汩、煮

【主料】金钩 50 克　白菜心 600 克

【辅料】化猪油 100 克　化鸡油 25 克　奶汤 200 克

【调料】川盐 5 克　味精 3 克　水豆粉 10 克　胡椒粉 3 克

【选料】选用粗细、长短一致的时令新鲜白菜心。

【制作】

1. 白菜心去筋，洗净切成 4 瓣，入沸水中汩断生，清水漂透，沥干水分。

2. 金钩去杂质，洗净，放入碗中用奶汤泡起。

3. 炒锅置旺火上，放入化猪油烧至七成热，下菜心翻炒几下，掺入奶汤，加川盐，滗入泡金钩的汤汁煮至菜心熟透，捞起整齐摆于盘内。

4. 将金钩放入沸汤内，下水豆粉勾成薄芡，下化鸡油、胡椒粉、味精调匀，淋于菜心上面即成。

【风味特点】

色鲜味美，清淡爽口。

【注意事项】

1. 要选用大小均匀、长短一致的菜心，分别切成 4 瓣或 6 瓣。

2. 煮菜心时，要保持菜心的本色，切忌煮烂。

【学习要求】

成菜颜色青绿新鲜，清淡爽口。

【讨论复习题】

1. 选用什么蔬菜的菜心制"金钩菜心"最好？

2. 选用什么品质的金钩？

79. 酸辣海参汤（酸辣味型）

【烹法】煮

【主料】水发海参 500 克

【辅料】熟火腿 50 克　　鸡蛋 5 枚　　　丝瓜 100 克　　番茄 250 克
　　　　豌豆尖 50 克　　化鸡油 10 克

【调料】川盐 10 克　　　料酒 10 克　　味精 3 克　　　姜 3 克
　　　　胡椒粉 10 克　　葱花 2 克　　　醋 40 克

【选料】选用发透肥大的海参。

【制作】

1. 海参用斜刀片切成薄片；丝瓜切节，切成与海参相同的片；鸡蛋煮熟去壳和蛋黄，将蛋白片薄，切成四瓣；火腿切片；蕃茄去皮、籽，切成片；姜去皮，切成姜米。

2. 锅内放入清汤，将海参片用汤喂 3 次待用；依次将丝瓜片、蛋白片、番茄片、豌豆尖用沸水余好，装入汤碗内。

3. 锅置旺火上，放入清汤，下姜米、料酒烧沸，加入火腿片、海参片、胡椒粉、味精、川盐，最后加入醋、化鸡油、葱花，舀入汤碗内即成。

【风味特点】

汤清茶色，质地软糯，酸辣爽口。

【注意事项】

1. 煮鸡蛋的时间不能太长，丝瓜片不能余水太久。

2. 烧汤汁的火要旺，汤要沸。

【学习要求】

1. 掌握好余各种辅料的火候。

2. 掌握正确涨发各种海参的技术。

3. 削丝瓜皮时，要厚薄均匀。

4. 成菜后突出酸辣味。

【讨论复习题】

1. 酸辣海参属于什么汤菜？还有哪些酸辣菜？

2. 涨发刺参和涨发光参的方法有哪些不同？

热

菜

80. 圆子汤（咸鲜味型）

【烹法】煮

【主料】猪肥瘦肉 250 克

【辅料】新鲜嫩白菜 100 克　　木耳 50 克　　　黄花 20 克
　　　　鸡蛋 1 枚　　　　　　粉条 50 克　　　清汤 1000 克

【调料】川盐 5 克　　　胡椒粉 3 克　　酱油 5 克　　味精 3 克
　　　　芝麻油 5 克　　水豆粉 10 克　　葱 5 克　　　姜 5 克
　　　　花椒 6 粒

【选料】选用瘦七肥三的猪肉。

【制作】

1. 新鲜嫩白菜择洗干净；葱洗净，切成葱花；姜洗净，切成细姜米；花椒剁成细末。粉条、木耳、黄花用温水泡发涨开，洗净。

2. 猪肥瘦肉洗净，剁成细茸，加川盐、鸡蛋液、胡椒粉、水豆粉、花椒末、姜米、葱花、味精搅拌均匀成肉馅待用。

3. 炒锅置旺火上，掺入清汤烧开，调至小火上，用调羹将拌好味的猪肥瘦肉馅舀成大小相等的肉圆子放入汤内，待舀完肉馅成 30 多个圆子后，再将锅调至旺火上煮熟，撇去浮沫，下嫩白菜、水发木耳、水发黄花、粉条煮开，加入胡椒粉、川盐调味，起锅时加入味精、酱油，淋上芝麻油即成。

【风味特点】

细嫩爽口，汤美味鲜。

【注意事项】

1. 舀圆子入汤中时，锅内的汤不能沸腾，如果沸腾，应调节火力。

2. 注意去净猪肥瘦肉里的筋膜。

3. 无嫩白菜时，也可以选用其他时令新鲜蔬菜。

【学习要求】

要求圆子入口细嫩，汤鲜味美。

【讨论复习题】

1. 怎样做才能使猪肉圆子达到细嫩爽口的要求？

2. 如何掌握制作猪肉圆子的火候？

3. 在猪肉圆子内加入少许生花椒末有什么作用？

81. 清汤鸡圆 (咸鲜味型)

【烹法】煮

【主料】鸡脯肉 125 克　猪肥膘肉 75 克

【辅料】鸡蛋 2 枚　时鲜菜心 50 克　猪瘦肉 100 克　特制清汤 1250 克

【调料】川盐 5 克　　味精 5 克　　胡椒粉 3 克

【制作】

1. 猪肥膘肉、猪瘦肉分别洗净，置案板上分别捶茸，猪瘦肉茸装碗内，加清水 250 克搅散。

2. 鸡脯肉剔去筋，置案板上捶茸，将鸡茸放入盆内，分两次加入清水 50 克搅散，加入 1 枚鸡蛋清搅匀后，再加 1 枚鸡蛋清搅匀，加盐 3 克、味精 3 克和肥膘肉茸搅匀制成鸡糁。

3. 菜心洗净，放入沸水汩至断生，捞入清水中漂透，捞起沥干水分，抖开晾在盘内。

4. 炒锅洗净置旺火上，放入特制清汤烧沸，舀约 250 克沸汤烫菜心，将烫过的菜心放在汤碗里垫底。

5. 将锅移至微火上，保持汤沸而不腾，将鸡糁逐个挤成直径 4 厘米的圆子放入沸汤里煮熟，捞起。

6. 特制清汤留锅内，下川盐 2 克、胡椒粉 3 克、味精 3 克，烧沸后下入搅散后的猪瘦肉茸清汤两次，倒入鸡圆，盛入用菜心垫底的汤碗内即成。

【风味特点】

鸡圆色白，质地细嫩，咸鲜可口，汤清素雅。

【注意事项】

将主料改用鱼肉，即"清汤鱼圆"。

【学习要求】

要求鸡圆色白，汤清如水。

【讨论复习题】

1. 鸡茸为什么用清水分两次搅散，鸡蛋清也要分两次加入?

2. 为什么要用特制清汤烫一下菜心?

热

菜

82. 熘肉片（咸鲜味型）

【烹法】熘

【主料】猪里脊肉 200 克

【辅料】净冬笋 50 克　　葱白 5 克　　鸡蛋 2 枚　　豌豆尖苞 10 朵

化猪油 400 克（耗 100 克）

【调料】川盐 3 克　　料酒 5 克　　味精 3 克　　胡椒粉 3 克

水豆粉 5 克　　鲜汤适量　　干细豆粉 15 克

【制作】

1. 冬笋尖煮熟，切成薄片；葱白择洗干净，切成马耳葱。

2. 鸡蛋敲破，取蛋清和干细豆粉调成蛋清豆粉。

3. 用碗装入川盐、水豆粉、料酒、味精、胡椒粉、鲜汤对成滋汁

4. 猪里脊肉去筋，切成薄片，加入川盐、蛋清豆粉码匀。

5. 旺火炙锅，下化猪油烧至五成热，将码匀的肉片入锅，用筷子划散，滗去油，锅内留化猪油 50 克，将肉片拨于锅边，下冬笋片、马耳葱、豌豆尖苞微炒后烹入滋汁，快速炒匀，起锅即成。

【风味特点】

成菜颜色洁白，质地细嫩，咸鲜可口，四季均宜入馔。

【注意事项】

1. 本菜又名包肉片，如将猪肉切成丝即叫包肉丝。

2. 如加入不同的时令蔬菜，成菜即可叫青椒熘肉丝、蒜薹熘肉丝、香花熘肉丝等。

3. 必须使用纯净的化猪油、干细豆粉，才能保证成菜颜色洁白。

【学习要求】

熘肉片又名包肉片，成菜应肉片均匀，滑软亮油，洁白鲜嫩。

【讨论复习题】

1. 包肉片另外还可加哪些辅料？

2. 温油下肉片的作用是什么？

3. 鸡蛋清、干细豆粉的浓稠度和菜肴质量有什么关系？

83. 熘鸡丝（咸鲜味型）

【烹法】鲜熘

【主料】鸡脯肉 250 克

【辅料】化猪油 500 克（耗 125 克）　鸡蛋 2 枚　丝瓜 50 克　蕃茄 1 个

【调料】干细豆粉 15 克　　川盐 3 克　　　味精 3 克　　　料酒 5 克

　　　　水豆粉 5 克　　　　鲜汤适量

【选料】用公鸡的胸脯肉、嫩丝瓜中段和成熟的红蕃茄。

【制作】

1. 丝瓜刮去粗皮，用车刀车成大片，弃瓜心不用，放入开水烫过，入清水漂冷，捞出切成 6 厘米长的二粗丝；番茄用开水烫过，撕去外皮，入清水漂冷也切成 6 厘米长的二粗丝。

2. 取鸡蛋清加干细豆粉调匀成蛋清豆粉。

3. 水豆粉、川盐 2 克、料酒、味精、鲜汤对成滋汁。

4. 鸡脯肉去皮去筋，洗净，先片切成薄片，再切成 6 厘米长的细丝，盛于碗内加川盐 2 克、料酒 2 克、蛋清豆粉码匀。

5. 锅置旺火上，放入化猪油烧至四成热，下码好味的鸡肉丝，用筷子拨划散籽，如油温过高可将锅端离火口，滗去多余的油。

6. 锅内留化猪油 25 克，鸡肉丝拨至锅边，下丝瓜丝、番茄丝略炒，烹入滋汁，加适量的鲜汤翻炒，簸匀起锅。

【风味特点】

颜色洁白，质嫩味鲜，红绿相间，色彩美观。

【注意事项】

1. 炒锅必须洗干净，使用的化猪油颜色必须纯白，才能保证成菜颜色洁白。

2. 鸡肉丝入锅滑油的油温不能过高，蛋清豆粉宜稀和。

【学习要求】

认真选料，掌握好滑油时的油温，才能保证成菜色白，鲜嫩。

【讨论复习题】

1. 没有丝瓜时，可用什么蔬菜代替？蔬菜的作用是什么？

2. 哪些配料属顺色，哪些属岔色？

3. 采用"熘"烹制的菜品有哪些主要特点？

热

菜

159

84. 熘鱼片（咸鲜味型）

【烹法】鲜熘

【主料】净鱼肉 250 克

【辅料】水发玉兰片 25 克　　　小白菜心 20 克

化猪油 500 克（耗 75 克）　　鸡蛋 2 枚

【调料】姜片 5 克　　　蒜片 5 克　　马耳形葱白 5 克　料酒 5 克

干细豆粉 20 克　水豆粉 10 克　川盐 5 克　　　味精 3 克

胡椒粉 3 克　　芝麻油 10 克　鲜汤适量

【选料】用鲜活鲤鱼或乌鱼的肉。

【制作】

1. 取碗装入鸡蛋清、干细豆粉调成蛋清豆粉。另取碗装入川盐、料酒、味精、胡椒粉、水豆粉、芝麻油、鲜汤对成滋汁。

2. 净鱼肉洗净，去皮、刺，用刀片成 7 厘米长、3 厘米宽、0.5 厘米厚鱼片装碗，加川盐、蛋清豆粉、料酒拌匀码味。

3. 炙锅后，锅置旺火上，放入化猪油烧至四成热，将鱼片分散入锅，用筷子轻轻划散，散开后立即滗去余油。

4. 锅内留化猪油 50 克，将鱼片拔至锅边，下姜片、蒜片、马耳葱、玉兰片、小白菜心至锅心微炒，随即将滋汁烹入锅中，用锅铲轻轻推转，簸匀起锅即成。

【风味特点】

鱼片鲜嫩，颜色美观。

【注意事项】

1. 鱼肉片不能片切得太薄，用热锅温油下鱼片，如火太旺可将锅端离火口。

2. 蛋清豆粉宜稀和点，不能码芡过厚。

【学习要求】

1. 掌握剔片鱼肉的技术。

2. 成菜菜品成片，亮油滑软，颜色洁白。

【讨论复习题】

1. 鱼片为什么不能片切得太薄？乌鱼肉和鲤鱼肉的剔法有什么区别？

2. 油温过高会出现什么问题？

3. 按上述做法，鱼肉还可烹制成什么菜品？

85. 火爆肚头（咸鲜味型）

【烹法】爆

【主料】净猪肚头 250 克

【辅料】水发香菌 25 克 水发玉兰片 25 克 豌豆尖苞 10 朵 化猪油 125 克

【调料】蒜 5 克 　　　姜 5 克 　　　葱 5 克 　　　泡红辣椒 1 根

　　　　川盐 3 克 　　　料酒 5 克 　　　味精 3 克 　　　水豆粉 10 克

　　　　胡椒粉 5 克 　　　鲜汤适量

【选料】选用新鲜猪肚头

【制作】

1. 猪肚头洗净，用刀剔净油筋，用剞刀法交叉剖成十字花刀，再改成菱形块，放入碗里加川盐、料酒、水豆粉码匀。

2. 水发香菌、水发玉兰片洗净，入沸水煮透；葱白择洗干净，切成马耳朵形，泡红辣椒去蒂、籽也切成马耳朵形；姜、蒜切片。

3. 取碗加入水豆粉、味精、胡椒粉、豌豆尖苞、鲜汤 50 克对成滋汁。

4. 炒锅置旺火上，下化猪油烧至八成热，将肚头、姜片、蒜片下锅，迅速爆成肚花，烹入料酒，葱白和泡红辣椒、香菌片、玉兰片炒转，沿锅周围烹入滋汁，簸转起锅即成。

【风味特点】

颜色美观，质地脆嫩，味道鲜香。

【注意事项】

1. 肚头要剞成马牙齿形。剞的深度要均匀。

2. 爆肚头的火要旺，时间短，菜不上色，成菜时肚头洁白美观。

3. 肚头下锅每个环节均要抢时间，动作敏捷，手快而稳，一气呵成。

【学习要求】

1. 熟练掌握去掉猪肚头油筋的技法。

2. 成菜要求嫩脆鲜香。

【讨论复习题】

如何掌握火爆肚头的火候与油温？

热

菜

86. 火爆双脆（咸鲜味型）

【烹法】爆

【主料】净猪肚头 200 克　　禽胗 2 副

【辅料】水发兰片 25 克　水发木耳 10 克　豌豆尖苞 10 朵　化猪油 125 克

【调料】泡红辣椒 3 根　　姜 5 克　　　　蒜 5 克　　　　葱白 10 克

　　　　川盐 3 克　　　料酒 5 克　　　水豆粉 10 克　　胡椒粉 2 克

　　　　味精 3 克　　　鲜汤 50 克

【选料】选用肚头的上半部分，禽胗采用鸡胗、鸭胗、鹅胗均可。

【制作】

1. 猪肚头洗净去净油筋，用直刀剞成不粗不细的十字花刀，再斜切成 3 厘米见方的块；禽胗片去外皮和内金，对剖为两瓣，每瓣剞成十字花刀 2 块，同装碗里，用川盐、料酒、水豆粉码味码芡。

2. 水发兰片用沸水汆过，片成玉兰片；泡红辣椒去蒂、籽，切马耳朵形；葱白切成马耳朵形；姜、蒜切片；木耳、豌豆尖苞淘洗干净。

3. 用川盐、料酒、味精、胡椒粉、水豆粉、鲜汤对成滋汁。

4. 锅置旺火上，下化猪油烧至八成热，将码好的猪肚头和禽胗下锅，快速炒散籽，当出现肚花和胗花时即下姜片、蒜片、木耳、葱白、泡红辣椒炒匀，将对好的滋汁烹入锅中，炒匀簸转起锅即成。

【风味特点】

颜色美观，质地脆嫩，清淡爽口。

【注意事项】

1. 必须去净肚头上的油筋，禽胗要去净内金和筋皮。

2. 码肚头和禽胗的水豆粉用量不能过多。

3. 炒前作好准备，炒时动作要迅速，忙而不乱。

【学习要求】

1. 掌握处理猪肚头和禽胗的技术，剞的花刀要均匀。

2. 成菜后的食材应脆嫩而不绵。

【讨论复习题】

1. 利用猪肚头还可以烹制哪些类似的菜品？

2. 为什么要去净猪肚头上的油筋？

87. 火爆胗肝（咸鲜味型）

【烹法】爆

【主料】鸡肝 4 副　　鸡胗 3 副

【辅料】水发明笋 50 克　水发木耳 25 克　小白菜 50 克　化猪油 175 克

【调料】泡红辣椒 2 根　　　姜片 5 克　　　蒜片 5 克　　　葱白 10 克

　　　　水豆粉 15 克　　　酱油 5 克　　　川盐 3 克　　　料酒 10 克

　　　　味精 3 克　　　　胡椒粉 3 克　　　鲜汤适量

【选料】选用新鲜的鸡肝和鸡胗。

【制作】

1. 明笋入沸水中余一下，片切成片，盛于碗中；小白菜心洗净，折成约 5 厘米长的段；木耳择洗干净；泡红辣椒去蒂、籽，葱白择洗干净，分别切成马耳朵形；姜、蒜切片。

2. 取碗装入水豆粉、川盐、酱油、料酒、味精、鲜汤对成滋汁。

3. 鸡肝去苦胆，片成 0.5 厘米厚的片；鸡胗去油筋、内金，片成薄片，同盛于碗中加入川盐、料酒、胡椒粉、水豆粉码匀。

4. 锅置旺火上，下化猪油烧至七成热，下入鸡胗和鸡肝快速爆炒散籽，加入姜片、葱白、蒜片、泡红辣椒、明笋片、木耳、小白菜心炒匀，再将对好的滋汁烹入锅中，炒匀簸转起锅即成。

【风味特点】

质地脆嫩，鲜香可口，别具风格。

【注意事项】

1. 鸡肝不要撕破苦胆，肝片不能切得太薄。

2. 明笋要余去硫黄味。

【学习要求】

准备充分，烹制菜肴迅速，动作快，火候准，成菜散籽亮油。

【讨论复习题】

1. 明笋怎样保管？应怎样泡发？

2. 本菜为什么不用兰片而用明笋？

热

菜

163

88. 姜爆鸭丝（咸鲜味型）

【烹法】爆

【主料】烟熏鸭肉 450 克

【辅料】子姜 75 克　青蒜苗 50 克　甜椒 50 克　化猪油 125 克

【调料】酱油 5 克　醋 1 克　白糖 2 克　味精 3 克　芝麻油 3 克

【选料】肥嫩的烟熏鸭子。

【制作】

1.青蒜苗洗净，切成 6 厘米长的节；甜椒去蒂、籽，子姜洗净，分别切成丝。

2.烟熏鸭肉切成 6 厘米长的二粗丝。

3.炙锅后，锅置旺火上，下化猪油烧至六成热，下鸭肉丝爆炒后，下子姜丝、甜椒丝继续爆炒，香味逸出时，加入酱油、白糖、醋、味精、青蒜苗合炒至断生，最后加入芝麻油炒匀，起锅即成。

【风味特点】

色泽美观，质嫩化渣，既有子姜的鲜香味，又有鸭肉的烟熏香味。

【注意事项】

1.鸭肉要切成粗细长短均匀的肉丝，不能爆炒太干。

2.辅料下锅不宜久炒，成菜应保持色泽鲜艳，质地脆嫩。

【学习要求】

1.配料使用恰当。

2.会剔鸭肉，掌握切肉丝的刀功，保证肉丝粗细长短均匀。

【讨论复习题】

1.本菜和其他火爆炒制的菜有什么区别？

2.烟熏鸭是怎样制作的？

3.此菜在什么季节烹制最好？其他季节烹制此菜是否适宜？

89. 干煸牛肉丝（麻辣味型）

【烹法】干煸

【主料】牛肉 400 克

【辅料】菜籽油 100 克　　芹菜 75 克

【调料】姜 6 克　　　　　川盐 2 克　　　料酒 15 克　　醋 1 克

干红辣椒 15 克　　花椒面 10 克　　酱油 5 克　　　郫县豆瓣 20 克

味精 3 克　　　　　芝麻油 5 克

【选料】选用黄牛的里脊肉。

【制作】

1. 芹菜去老叶，洗干净，切成 6 厘米长的节；郫县豆瓣剁细；干红辣椒切细丝；姜切丝。

2. 牛肉去筋，横切 6 厘米长的二粗丝。

3. 锅置旺火上，下 50 克菜籽油烧至六成热，下干红辣椒丝炸过捞起，再下牛肉丝反复煸炒至散籽，加入姜丝、川盐、郫县豆瓣继续煸炒，一边煸炒一边将余下的菜籽油分次加入，直到将牛肉丝煸酥，下干红辣椒丝、料酒、酱油、芹菜炒断生，加入味精、醋、芝麻油翻炒簸匀，起锅入盘，撒上花椒面即成。

【风味特点】

色泽棕红，麻辣酥香。

【注意事项】

1. 牛肉要横切成丝。

2. 锅洗干净后炙锅，以免起锅巴炒煳、炒烂。

3. 芹菜入锅炒断生即可，不能久炒。

【学习要求】

1. 选料精准，肉丝切均匀。

2. 煸牛肉丝的火候要准，使牛肉丝不焦不绵。

【讨论复习题】

1. 本菜具有川菜的哪些特殊风味？

2. 芹菜下锅煸炒时，为什么不宜久炒？

热

菜

90. 干煸冬笋（咸鲜味型）

【烹法】干煸

【主料】净冬笋 400 克

【辅料】猪肥瘦肉 100 克　化猪油 400 克（耗 75 克）　宜宾芽菜 10 克

【调料】川盐 3 克　　酱油 2 克　　　芝麻油 3 克　　　料酒 3 克

　　　　白糖 2 克　　味精 3 克

【选料】用新鲜、质嫩、粗壮的冬笋

【制作】

1.冬笋去箨，用刀从笋头向笋尖刺去约 1 厘米深，用力将刀向右拨，按住笋壳左手将笋向左一扭，全部笋壳即顺刀脱下，再用刀修去老的笋衣，留用嫩衣，笋根部若还有质老的，切下另作他用。将冬笋切成 1.5 厘米见方、6 厘米长的小一字条。

2.芽菜淘洗干净，挤干水分，和肥瘦肉分别斩细。

3.锅置旺火上，下化猪油烧至七成热，下冬笋炸至进皮，捞起，滗去炸油。

4.锅内留热油 75 克，下肥瘦肉入锅炒干水分，亮油时将炸过的冬笋入锅煸炒，烹入料酒，再炒至冬笋表皮起皱，依次加川盐、酱油、白糖、味精，每下一样翻炒几下，再下芽菜入锅炒 3 分钟，最后淋芝麻油簸匀起锅，装盘即成

【风味特点】

颜色金黄，冬笋干香。成菜鲜嫩中带脆感，具有特殊风味。

【注意事项】

1.剥笋衣时不要修去嫩衣。

2.芽菜用嫩尖，淘洗干净泥沙。

3.猪肥瘦肉斩细炒散籽。

【学习要求】

1.掌握剥冬笋壳和修冬笋的技术。

2.成菜干香、脆爽鲜嫩，突出干煸香味。

【讨论复习题】

1.常见的鲜笋有哪几种？

2.怎样去冬笋壳才符合要求？

3.怎样区别大一字条、小一字条和筷子头？

91. 干煸鱿鱼肉丝（咸鲜味型）

【烹法】干煸

【主料】干鱿鱼 75 克

【辅料】猪肥瘦肉 50 克　　绿豆芽 100 克

【调料】川盐 3 克　　　酱油 5 克　　　味精 3 克　　　料酒 5 克

　　　　芝麻油 5 克　　化猪油 75 克　　泡红辣椒 2 根

【选料】要选体薄、大张、干透的鱿鱼，去头尾。绿豆芽要选用粗根、鲜嫩的。

【制作】

1. 绿豆芽摘去头根，淘洗干净；泡红辣椒去蒂、籽，切成细丝。

2. 干鱿鱼横着切成 6 厘米长的细丝，如鱿鱼过于干硬，可在火上烤一下使之受热变软再切；之后用温水将灰沙淘洗干净，挤干水分。猪肥瘦肉切成 6 厘米长的二粗丝。

3. 锅置旺火上，下化猪油烧至七成热，下鱿鱼丝煸炒 3 分钟，烹入料酒，再煸一下，加入猪肉丝将水分煸干，放入泡红辣椒丝略炒，再加入川盐、酱油、味精，下绿豆芽炒至断生，淋芝麻油簸匀，起锅入盘即成。

【风味特点】

鱿鱼干香，豆芽脆嫩，味道鲜美。

【注意事项】

1. 肥瘦肉是不相连的肥三成瘦七成的猪肉。

2. 干鱿鱼丝只能淘洗，不能浸泡。

3. 绿豆芽下锅不能久炒，刚断生即可。

【学习要求】

1. 掌握切鱿鱼丝的刀法和下锅的火候。

2. 成菜要做到鱿鱼干中有酥，豆芽脆嫩。

【讨论复习题】

1. 火烤鱿鱼的作用是什么？

2. 鱿鱼丝为什么只能淘洗，不宜浸泡？

3. 辅料除使用绿豆芽外，还可用什么食材？

热

菜

92. 干煸肉丝（咸鲜味型）

【烹法】干煸

【主料】猪瘦肉 400 克

【辅料】菜籽油 125 克　净冬笋 75 克

【调料】川盐 2 克　　酱油 3 克　　　料酒 5 克　　　葱 5 克

　　　　味精 3 克　　芝麻油 4 克　　姜 3 克　　　干红辣椒 15 克

【选料】净猪瘦肉

【制作】

1. 猪瘦肉洗净，切成二粗丝，干红辣椒、葱、冬笋、姜分别洗净，切成细丝。

2. 锅置中火上，下菜籽油烧至五成热，放入干红辣椒丝炸至金红色捞起，倒入猪肉丝煸干水分，加料酒、酱油、姜丝、川盐，接着加冬笋丝继续煸炒至酥亮时，下干红辣椒丝、葱丝、味精、芝麻油炒转簸匀，起锅即成。

【风味特点】

色泽棕红，丝状均匀，干香酥软，咸鲜味浓。

【注意事项】

1. 炒锅要先洗干净，炙锅后才能使用。

2. 干红辣椒丝不能炸煳。

3. 猪肉丝必须先煸干水分才能下料酒、酱油等。

【学习要求】

学会干煸方法，要求成菜干香味浓

【讨论复习题】

1. 什么叫二粗丝？

2. 干煸与炒有什么不同之处？

炝

93. 炝黄瓜（香辣味型）

【烹法】炝

【主料】黄瓜 400 克

【辅料】菜籽油 75 克

【调料】川盐 5 克　　干红辣椒 15 克　　花椒 10 粒　　味精 3 克

【选料】用新鲜质嫩，外形整齐的黄瓜。

【制作】

1. 黄瓜洗净，去蒂和青皮，去瓜心不用，切成 1 厘米见方、4 厘米长的筷子头，用川盐码约 10 分钟，入清水中淘一下，用手微挤出水分，沥干水分。

2. 干红辣椒去蒂、籽，切成 1.5 厘米长的节。

3. 锅置旺火上，倒入菜籽油烧至七成热，先下干红辣椒，后下花椒炸至金红色，倾入黄瓜条快速炒匀，加入川盐、味精炒至断生，起锅即成。

【风味特点】

味鲜香辣，质地脆嫩

【注意事项】

1. 干红辣椒节和花椒不能炸煳。

2. 黄瓜下锅不能久炒，断生即起锅。

【学习要求】

1. 黄瓜条粗细均匀。

2. 成菜颜色清秀，质地脆嫩。

【讨论复习题】

1. 黄瓜不去皮对成菜质量有什么影响？

2. 为什么黄瓜要去掉瓜心，有时还要去皮才能使用？

3. 炝黄瓜还有其他作法吗？

热

菜

94. 炝莲白卷（香辣味型）

【烹法】炝、裹

【主料】莲白 400 克

【辅料】菜籽油 75 克

【调料】干红辣椒 20 克　　花椒 10 粒　　　川盐 5 克　　　白糖 10 克

　　　　　醋 15 克　　　　　味精 3 克　　　　水豆粉 20 克　　鲜汤 75 克

【选料】选用包心鲜嫩的莲白。

【制作】

1. 将整张莲白叶去梗淘洗干净，沥干；干红辣椒去蒂、籽。

2. 用川盐、白糖、醋、味精、水豆粉、鲜汤对成滋汁。

3. 锅置旺火，倒入菜籽油烧至六成热，下整干红辣椒、花椒炸成金红色，捞出干红辣椒，倒入莲白快速翻炒至断生，烹入滋汁炒匀，起锅装入大盘中晾冷。将炸过的干红辣椒切成细丝。

4. 用炒熟的莲白叶加入 3 条干红辣椒丝逐一裹成直径 1.5 厘米的菜卷，再切成 5 厘米长的节，整齐的在盘中摆成三叠水。将原汁淋在菜卷上即可。

【风味特点】

莲白脆嫩，甜酸香辣，整齐美观。

【注意事项】

1. 白菜下锅不能久炒，避免炒煳，要保持菜叶的嫩脆。

2. 莲白菜卷要裹紧，粗细均匀。

3. 成菜甜酸香辣，莲白菜脆嫩，颜色清秀，装盘整齐美观。

【讨论复习题】

1. 莲白菜卷装盘有哪些摆法？怎样摆才成形美观？

2. 莲白菜能否码盐后再炒？能不能炒成咸味？

95. 黄焖鸡（咸鲜味型）

【烹法】焖

【主料】公鸡1只

【辅料】化猪油50克

【调料】冰糖糖色10克　　川盐10克　　料酒50克　　姜10克
　　　　葱1根　　　　　味精3克　　　鲜汤750克

【选料】选用公鸡

【制作】

1. 公鸡杀后褪毛，去内脏洗净，剔去四大骨，斩成5厘米见方的块，入沸水汆一下。姜洗净，拍破；葱择洗干净，绾成结。

2. 炒锅洗净置中火上，下化猪油烧至六成热，放入鸡块煸炒一下，掺入鲜汤烧沸，撇尽浮沫，加入姜、葱结、冰糖糖色、料酒、川盐烧沸，盖上锅盖，移微火上焖至汁浓亮油，放入味精和匀盛入盘内即成。

【风味特点】

菜色黄亮、汁浓味鲜，炬而不烂，营养丰富。

【注意事项】

1. 鸡杀后要清洗干净，去尽残毛。

2. 没有骨的鸡块斩大一点，有骨的鸡块斩小一点。

3. 一次掺足鲜汤，不能中途添加汤水，否则影响菜肴品质。

4. 控制好火候，勿将汤汁烧干，或将鸡肉焖烂。

5. 焖鸡过程中不能多次揭开锅盖。

6. 成菜汤汁不能太多，以汁浓亮油为度。

【学习要求】

颜色金黄，味道鲜香，鸡肉炬软，汁浓亮油，不焦不煳。

【讨论复习题】

1. 为什么要选用公鸡？母鸡和老母鸡能不能用，为什么？

2. 为什么一定要汁浓亮油？能不能用水豆粉收汁，为什么？

3. 怎样操作才能做到成菜色金黄，味鲜香，鸡肉炬、汁浓亮油？

4. 黄焖鸡在配料上还可以有哪些变化？

热

菜

96. 鸡蒙葵菜（咸鲜味型）

【烹法】糁、蒙、煮

【主料】葵菜 40 株

【辅料】鸡脯肉 125 克　猪肥膘肉 70 克　鸡蛋 2 枚　猪瘦肉 125 克　清汤 1000 克

【调料】川盐 5 克　水豆粉 15 克　胡椒粉 3 克　味精 3 克

【选料】选茎粗色艳鲜嫩的葵菜菜心，肥嫩的母鸡脯肉，新鲜无筋膜的猪肥膘肉。

【制作】

1. 鸡脯肉、猪肥膘肉分别去筋捶茸，将鸡茸放入盆内，分两次共加入清水 50 克搅散，加 1 枚鸡蛋清搅匀，又加 1 枚鸡蛋清再次搅匀，再加入猪肥膘肉茸搅匀，最后加入水豆粉、3 克川盐、1 克味精、清水 150 克反复搅匀，制成鸡糁。

2. 猪瘦肉洗净，捶茸，加清水 250 克搅散；葵菜淘洗干净，将嫩茎连菜心（苞）掐下，用刀修整齐，漂洗干净后入沸水汩断生，换入清水内浸凉，捞起揸干水分，抖散放盘内晾干。

3. 炒锅洗净装入清水，置旺火上烧沸后调成微火，保持清水沸而不腾，将葵菜心逐一裹上鸡糁放入锅内余水，待葵菜心蒙完余熟后，倒入盆内。

4. 锅内掺入清汤，放入 3 克川盐、胡椒粉烧沸，用猪瘦肉茸清汤两次，下入蒙好的葵菜心煮沸，下 2 克味精，舀入汤碗内即成。

【风味特点】

菜色白中透绿，汤清亮底，菜嫩味鲜，清爽可口，特别适合老年人食用。

【注意事项】

1. 葵菜必须仔细地淘净泥沙，汩时必须保持菜叶的绿色不变，浸漂后一定要揽干水分。

2. 搅糁要按先后顺序加料，动作要快，用力要均匀。

3. 清汤时，要撇尽浮沫，如有油珠，可用纱布滤去。

【学习要求】

1. 正确掌握搅糁、蒙菜、清汤的操作规范。

2. 蒙的菜肴要做到鸡糁不脱，质嫩味鲜，汤清亮底，浮而不沉，白中透绿。

热
菜

【讨论复习题】

1. 怎样择洗和使用葵菜？

2. 此菜肴用的猪瘦肉是起什么作用的？

3. 鸡糁过干或过稀会带来什么后果？

4. 按照上述操作方法，还能烹制出哪些属于蒙的菜肴？

97. 锅贴鱼片（咸鲜味型）

【烹法】锅贴

【主料】净鱼肉 250 克

【辅料】猪肥膘肉 500 克　　化猪油 25 克　　熟火腿 50 克　　马蹄 100 克

鸡蛋 2 枚　　　　　生菜 100 克

【调料】干细豆粉 40 克　　川盐 7 克　　　味精 3 克　　芝麻油 5 克

花椒面 5 克　　　　白糖 5 克　　　醋 5 克

【选料】鲜活的鲤鱼或乌鱼的净肉；带皮肥膘肉。

【制作】

1. 马蹄削皮洗净，用刀切成米粒状；熟火腿亦切成米粒状；生菜洗净切丝，用川盐渍一下，加白糖、醋、味精拌成糖醋生菜装碟；花椒面、川盐、味精调成椒盐味碟待用。

2. 猪肥膘肉刮洗干净，放入汤锅煮熟，捞出晾凉，去皮修整齐，片切成 6 厘米长、4 厘米宽、0.5 厘米厚的片；鱼肉片成 5 厘米长、3 厘米宽、0.3 厘米厚的片，各 24 片。

3. 鸡蛋敲破取蛋清入碗，加干细豆粉、川盐、味精调成蛋清豆粉。

4. 用刀跟尖将猪肥膘肉片的四角与中心剜一下，揾干油分、水分后摆于平盘内，抹一层蛋清豆粉，撒上火腿粒和马蹄粒，再将鱼片与蛋清豆粉拌匀，理伸放在火腿、马蹄粒上贴牢。

5. 煎锅洗净置小火上，用猪油炙锅后逐一把贴好的鱼片放入慢煎，待猪肥膘肉的油浸出部分，逐渐煎黄至鱼片熟透淋入芝麻油，起锅盛于条盘的一端。条盘另一端放糖醋生菜并配椒盐味碟即成。

【风味特点 】

底黄面白，肥膘酥香，鱼肉细嫩，味美爽口。

【注意事项 】

1. 猪肥膘肉片与鱼片的厚薄、大小相等，做出的锅贴鱼片才整齐美观。

2. 猪肥膘肉片四角与中心一定要用刀跟尖剟好，锅贴时鱼片才不会卷缩。

3. 要搌干猪肥膘肉片上的油分和水分，蛋清豆粉才能粘牢。

4. 鱼片码芡不能过多，一定要理伸后再贴在猪肥膘肉片上。

5. 入锅煎时，一定要注意火候，用小火慢慢煎黄煎酥。

【学习要求 】

1. 猪肥膘肉片和鱼片的厚薄、大小要均匀一致，形状整齐。

2. 锅贴鱼片要底酥面嫩。

【讨论复习题 】

1. 为什么要选用鲤鱼或乌鱼作为鱼片原料？

2. 选用带皮的猪肥膘肉，而且要在煮熟晾凉后才去皮的原因是什么？

3. 为什么火腿、马蹄不切成片，而是切成米粒状？

4. 鱼片不码蛋清豆粉行不行，为什么？

5. 为什么鱼片比猪肥膘肉的长、宽都各小一点？

热

菜

98. 锅贴豆腐（咸鲜味型）

【烹法】糁、锅贴

【主料】豆腐 6 块约重 600 克

【辅料】猪肥膘肉 500 克　　鸡蛋 4 枚　　熟瘦火腿 15 克　生菜 150 克

　　　　化猪油 200 克（耗 100 克）

【调料】川盐 6 克　　　味精 3 克　　　芝麻油 5 克　　　　醋 15 克

　　　　白糖 15 克　　干细豆粉 25 克

【选料】石膏豆腐、连皮猪肥膘肉。

【制作】

1.豆腐搅散滤去渣，豆腐浆汁盛盆内，加入 2 枚鸡蛋清、4 克川盐、15 克干细豆粉、味精、100 克化猪油等搅匀制成豆腐糁。

2.取 2 枚鸡蛋敲破，将蛋清加干细豆粉搅成蛋清豆粉；将蛋黄加川盐搅匀，倒入平底锅置火上摊成蛋皮，再将蛋皮切成碎米粒状。熟瘦火腿洗净，切成碎米粒状。

3.猪肥膘肉煮熟捞起晾凉，切去猪皮，修整齐，片切成 24 片 5 厘米长、3 厘米宽、0.5 厘米厚的肉片，揿干油水，用刀跟尖将肉片四角与中心剟一下，整齐摆放于平盘内，抹一层蛋清豆粉，在上面摊一层中心厚、周边稍薄、约 2 厘米厚的豆腐糁，再将蛋皮米、火腿米分别放在豆腐糁上左右呈两色，入笼蒸约 5 分钟取出。

4.煎炒锅洗净置小火上，放入化猪油均匀地转动锅使之黏一层油，滗去余油，逐个将摊上豆腐糁的肉片肥膘向下放入煎约 8 分钟，并不断转动，使肉片受热一致，煎至肉底呈金黄色，豆腐糁成黄色时，滗去煎油，淋入 4 克芝麻油，铲起摆于条盘一端。

5.生菜洗净切丝，用川盐、醋、白糖、芝麻油拌好放于条盘另一端即成。

【风味特点】

色彩丰富，造型美观，松脆香嫩，清爽可口。

【注意事项】

1.猪肥膘肉煮熟不煮烂，四角及中心用刀跟尖剟过，避免煎时起卷。

2.摊抹豆腐糁时四边稍薄，以免外溢。

3.入笼蒸时，时间不能过久，以熟为度。

【学习要求】

1.会摊蛋皮，会搅豆腐糁。

2.猪肥膘肉与豆腐糁遇热不脱、不卷、不流。

【讨论复习题】

1.搅豆腐糁与搅其他糁有没有区别？要求怎样做？

2.做好这样的菜要注意哪几个方面？

3.以豆腐糁为主要原料，还能烹制出哪些菜？

热

菜

99. 锅贴鸡片（咸鲜味型）

【烹法】锅贴

【主料】鸡肉 200 克

【辅料】猪肥膘肉 500 克　　鸡蛋 2 枚　　熟瘦火腿 15 克　生菜 100 克

　　　　冬笋 100 克　　　　化猪油 100 克（耗 20 克）

【调料】姜 10 克　　　葱白段 30 克　　　芝麻油 20 克　　料酒 5 克

　　　　酱油 5 克　　白糖 10 克　　　　醋 10 克　　　　甜酱 15 克

　　　　味精 5 克　　川盐 3 克　　　干细豆粉 30 克

【选料】鸡的净鸡脯肉，连皮猪肥膘肉。

【制作】

1. 猪肥膘肉煮熟，晾凉，去皮，修整齐后片切成长 6 厘米、宽 3.5 厘米、厚 0.5 厘米的肉片，共 24 片，用刀跟尖将每片肉片的四角及中心剡一下。

2. 鸡蛋清与干细豆粉调成蛋清豆粉；熟瘦火腿先切成细丝，再横着切成细末；取 15 克葱白切成开花葱，漂于清水内。甜酱用芝麻油 5 克、白糖 5 克调匀，装在味碟里备用。

3. 鸡脯肉片成长 5 厘米，宽 3.3 厘米、厚 0.3 厘米的片，共 24 片，用姜（拍破）、葱白(拍破)10 克、料酒、酱油拌匀浸渍 15 分钟后捡去姜、葱不用。

4. 冬笋洗净，煮熟，修整齐后切成长 5 厘米、宽 3 厘米、厚 0.3 厘米的片，共 24 片。

5. 揾干猪肥膘肉片上的油分水分，逐张平铺盘内后抹上蛋清豆粉，放笋片，笋片上放火腿末。将浸渍后的鸡肉片放入蛋清豆粉内拌匀，理伸贴在火腿末上，做成鸡片贴。

6. 煎锅洗净置小火上，放入化猪油，转动使锅底均匀地黏上一层油，滗去余油。逐个将做好的鸡片贴肥膘向下贴在锅内，煎约 8 分钟，期间不时将鸡片贴铲松使之受热一致，当肉底呈金黄色，鸡片呈浅黄色时，滗去油，淋上 10 克芝麻油，起锅摆在条盘的一端。

7. 生菜洗净沥干，用川盐、白糖、醋、味精、芝麻油拌匀成糖醋生菜碟，镶在条盘的另一端，配上开花葱和调好的甜酱成葱酱味碟一同上桌即成。

【风味特点】

底黄面嫩，味香酥脆，整齐美观，佐酒佳肴。

【注意事项】

1. 鸡片的厚度要比猪肥膘肉薄一些。

2. 鸡片与蛋清豆粉要充分拌匀。

3. 煎锅贴鸡片过程中，要前后左右移动锅身，使鸡片贴松动，让其受热均匀，避免煎煳。

【学习要求】

鸡片贴不卷不生，遇热不脱，大小均匀，底酥面嫩，装盘美观。

【讨论复习题】

1. 为什么要使用带皮猪肥膘肉？不带皮煮行不行，为什么？

2. 片切好的猪肥膘片，每张要用刀跟尖剟过，其作用是什么？

3. 为什么鸡片要比猪肥膘肉薄一些，不能一样厚？

4. 鸡片拌匀蛋清豆粉码味的作用是什么？

5. 煎锅贴鸡片时如果发生卷曲式脱层，原因是什么，应采取哪些补救措施？

热

菜

炖

100. 清炖牛肉汤（咸鲜味型）

【烹法】炖

【主料】（按5份计）黄牛肉2500克

【调料】花椒5克　　姜50克　　葱25克　　料酒50克　　川盐10克

味精5克　　　香油豆瓣10克　　　　香菜20克

【选料】选鲜黄牛的肋条肉。

【制作】

1. 牛肉用清水浸漂，去尽血水，切成3大块。姜洗净，拍破；葱洗净，绾成结。

2. 牛肉放入干净的炖锅内，掺清水置旺火上烧沸，撇尽浮沫，放入姜、葱结、花椒、料酒，继续用旺火炖起，中途用汤勺推动两次，避免牛肉巴锅。

3. 当牛肉炖至八成熟时捞出，按横筋切成长约4厘米、宽约2厘米、厚约1.5厘米的条形。牛肉汤用专用纱布滤去姜、葱、花椒和杂质，再将牛肉条放入锅内，置旺火上烧沸，移至小火上约炖2小时，直到炖畑为止。

4. 上菜时，先在汤碗中放川盐、味精，再舀牛肉和汤。同时配香菜和香油豆瓣碟蘸食。

【风味特点】

汤清鲜美，牛肉细嫩化渣，蘸食香油豆瓣，具有独特风味。

【注意事项】

1. 严格选料，不能用净牛瘦肉，否则要影响菜肴质量。

2. 控制好火候，牛肉切勿巴锅或将汤汁烧干。

【学习要求】

汤清、味浓、肉畑。

【讨论复习题】

1. 为什么要先将牛肉切成大块炖，等七八成熟后才再改用小火继续炖畑？

2. 原料为什么要采用牛肋条肉？

3. 此菜在操作过程中，采取哪些措施才能做到汤清、味浓、牛肉畑？

4. 如果添加辅料，应该是什么样的制作步骤？

101. 清炖牛尾汤（咸鲜味型）

【烹法】炖

【主料】黄牛尾 1250 克

【调料】料酒 10 克　花椒 5 克　姜 30 克　川盐 10 克　味精 4 克
香油豆瓣 10 克

【选料】选黄牛的牛尾中段。

【制作】

1. 削去牛尾残皮，清洗干净，在每个骨节缝处进一刀约 2/3 深，不切断，放入清水浸漂约 20 分钟。姜洗净，拍破。

2. 炖锅洗净，放入牛尾，掺清水，置旺火上烧沸，撇尽浮沫，加入姜、花椒、料酒，待再沸后改用小火炖，中途注意翻动，以免黏锅。

3. 牛尾炖至七八成熟时捞起，用专用纱布滤去牛尾汤中的花椒、姜以及杂质，再放于原锅内继续炖至肉质松软但不离骨。

4. 汤碗中放味精、川盐，再将汤与牛尾舀入，配以香油豆瓣碟蘸食。

【风味特点】

汤汁清澈，牛尾肉嫩，味浓鲜美。

【注意事项】

1. 牛尾要去净残皮、毛，清洗干净。

2. 控制好火候，要用小火慢炖，牛尾切勿黏锅或烧干汤汁。

3. 川盐炒后碾细再使用，效果更好。

【学习要求】

汤清、味浓、牛尾炖软。

【讨论复习题】

1. 为什么要在牛尾的每个骨缝切一刀，并且不切断？

2. 怎样操作才能突出汤清、味浓、牛尾炖软？

3. 采用炖牛尾的方法还可以制作哪些菜？

热

菜

102. 清炖全鸡（咸鲜味型）

【烹法】炖

【主料】母鸡1只（重约1500克）

【调料】胡椒粉3克　　味精3克　　川盐5克

【选料】选用母鸡。

【制作】

1. 母鸡杀后褪净毛，去爪、内脏洗净，放入热水中氽去血腥味，捞起再清洗干净。

2. 母鸡放入干净的炖锅里，掺足清水，置旺火上烧沸，撇尽浮沫，移小火上炖至七成熟时，放入川盐继续炖至炖软，放入味精、胡椒粉，将母鸡盛入汤盘内，灌入原汤上桌。

【风味特点】

鸡肉香鲜，汤味鲜美，营养丰富。

【注意事项】

1. 一次掺足清水，中途不添水，以免影响汤质。

2. 随时观察火候，勿将鸡炖烂或将鸡汤烧干。

【学习要求】

鸡汤鲜美，鸡形美观。

【讨论复习题】

1. 剖鸡时，为什么要清洗干净？

2. 选白皮母鸡的原因是什么？

3. 采用本菜做法还可以制作哪些菜肴？

103. 氽肉片汤（咸鲜味型）

【烹法】氽

【主料】猪腿尖肉 150 克

【辅料】水发木耳 15 克　水发黄花 15 克　豌豆粉丝 25 克
　　　　时令鲜菜叶 50 克　化猪油 10 克

【调料】川盐 6 克　酱油 5 克　味精 3 克　胡椒粉 3 克
　　　　料酒 3 克　水豆粉 4 克　鲜汤 750 克

【选料】选用猪去皮腿尖肉。

【制作】

1. 木耳、黄花分别用温水发涨，洗净待用。

2. 猪腿尖肉切成薄片，盛入碗内加川盐 3 克、料酒、水豆粉和匀码味码芡。

3. 锅置旺火上，掺鲜汤烧沸，下水发木耳、水发黄花、豌豆粉丝、时令鲜菜叶微煮至断生，捞入二汤碗内。将已码味码芡的肉片抖散入锅氽熟，微推几下，汤沸时撇去泡沫，待肉片散籽发白时下川盐 3 克、酱油、味精、胡椒粉煮沸，淋化猪油，起锅盛于碗内即成。

【风味特点】

质地滑嫩，汤鲜味美。

【注意事项】

1. 氽汤时一般都采用丝、片状的素原料，具体的形状根据原辅材料而定。

2. 烹制过程中使用鲜汤不宜过多。

【学习要求】

要求肉片大小厚薄均匀，质地滑嫩，汤鲜适口。

【讨论复习题】

1. 为什么要在汤烧沸时才将肉片抖散下锅？

2. 怎样才能保持肉片的滑嫩？

热

菜

104. 三色鱼圆（咸鲜味型）

【烹法】汆

【主料】净鱼肉 250 克

【辅料】猪生板油 50 克　　鸡茸 75 克　　　鸡蛋 3 枚　　　蛋黄粉 15 克

　　　　菠菜 50 克　　　　清汤 1000 克

【调料】川盐 3 克　胡椒粉 3 克　味精 3 克　料酒 3 克　水豆粉 10 克

【选料】以鲜活的鲤鱼或乌鱼、鲶鱼的净肉为宜；菠菜选用绿色嫩叶。

【制作】

1. 猪板油去膜、筋，用刀背捶茸。

2. 菠菜入沸水汩变色，捞入清水漂凉，揿干水分后置案板上剁茸，用纱布挤汁后约得菠菜汁 20 克。.

3. 鸡茸放入大瓷碗内，加 250 克清水搅散待用。

4. 鲜鱼肉去皮、刺、筋，得净鱼肉 250 克，用刀背捶茸后装盆内，分两次共加清水 50 克搅散，先加一枚鸡蛋清搅匀，后加二枚鸡蛋清搅匀，再加入板油茸搅匀，最后加入水豆粉、川盐、料酒、味精、清水适量搅匀制成鱼糁。

5. 将鱼糁平分成 3 份，分别盛入 3 个瓷碗内。第一份鱼糁原状原色，第二份鱼糁加 15 克蛋黄粉搅匀成黄色，第三份加 20 克菠菜汁搅匀成绿色，共调成三种颜色。

6. 炒锅洗净，掺清水 1000 克，置旺火上烧沸调成微火，始终保持锅内的水沸而不腾，鱼糁用调羹将其舀成圆子放入沸水中汆熟，汆熟一个圆子捞起一个，放入盛有半碗沸水的汤碗中，按白、黄、绿色的顺序将圆子汆完。

7.将锅里汆鱼圆的汤倒去不用，掺入清汤，加入胡椒粉、川盐、味精用旺火烧沸，最后用搅散的鸡茸清汤一次，再将特级清汤灌入汤碗内即成。

【风味特点 】

鱼圆三色，鲜嫩爽口；鲜艳美观，汤色清澈。

【注意事项 】

1.鱼肉剔好后先用清水漂两次，去净血水，搌干水分再捶鱼茸。

2.捶鱼肉不能黏合时，可先加 1 枚鸡蛋清使之黏合。

3.搅糁时亦可用肥膘茸、化猪油代替，根据实际情况灵活使用食材。

4.猪板油、鱼肉一定要反复捶，捶至极茸，捶时注意清洁卫生。

5.调羹舀鱼糁圆子时，可先沾点清水。

【学习要求 】

色彩调和，鲜艳分明，汤清质嫩，浮而不沉。

【讨论复习题 】

1.此菜有哪三种颜色？不用这几种原料配色，还能用哪些原料？

2.此菜使用原色清汤的用意是什么？

3.为什么此菜不加其他的辅料？

4.按照上述作法，还能制作哪些清汤菜？

热

菜

105.氽肝片汤（咸鲜味型）

【烹法】氽

【主料】猪肝 100 克

【辅料】水发黄花 5 克　水发木耳 5 克　番茄 1 个　化猪油 10 克

　　　　鲜菜叶 50 克　鲜汤 900 克

【调料】川盐 6 克　　酱油 5 克　　料酒 3 克　　味精 3 克

　　　　胡椒粉 3 克　水豆粉 20 克

【选料】选用新鲜猪肝。

【制作】

1. 番茄用沸水烫后去皮、籽，切成薄片；鲜菜叶、黄花、木耳分别淘洗干净。

2. 猪肝洗净切成薄片，盛入碗内，下川盐 3 克、酱油、料酒、水豆粉码匀。

3. 锅置旺火上，掺鲜汤烧沸，下菜叶、黄花、木耳微煮断生，捞入二汤碗内。锅内留汤汁，用手抓起肝片抖散下锅，汤汁起水泡时撇去泡沫，待肝片散籽，下川盐、胡椒粉、味精煮沸，淋入化猪油，起锅盛于碗内即成。

【风味特点】

猪肝细嫩化渣，汤味鲜香可口。

【学习要求】

肝片要薄，汤汁要沸，下肝片的动作要快速。

【讨论复习题】

1. 怎样才能使肝片伸展不卷，口感细嫩？

2. 为什么氽肝片汤要放胡椒粉？

106. 肉丝汤（咸鲜味型）

【烹法】氽

【主料】猪腰柳肉 200 克

【辅料】黄花 15 克　　木耳 10 克　　粉条 25 克　　鲜菜叶 20 克

　　　　化猪油 10 克

【调料】川盐 5 克　　　味精 3 克　　　胡椒粉 3 克　　　酱油 5 克

　　　　水豆粉 15 克　　鲜汤适量

【选料】猪腰柳肉。

【制作】

1. 黄花、木耳分别用温水发涨，淘洗干净；粉条用开水泡软；鲜菜叶洗净。

2. 猪腰柳肉切成二粗丝，用水豆粉、川盐、酱油拌匀码味码芡。

2. 炒锅洗净，掺鲜汤烧开，撇去浮沫，将码好味的肉丝抖散下入锅中，用筷子轻轻将黏结在一起的肉丝拨散，下味精、胡椒粉、川盐和匀，再将黄花、木耳、粉条、鲜菜叶沿锅边放入，煮至鲜菜叶断生下酱油、化猪油，起锅前先将辅料食材舀至碗中，再将肉丝舀于辅料食材上即成。

【风味特点】

肉丝滑嫩，汤味鲜美。

【注意事项】

1. 除用猪腰柳肉外，其他部位的瘦肉去筋、去肥肉后也可使用。

2. 水豆粉不能使用太多，肉丝不能码太干，保持肉丝散籽滑嫩。

3. 汤内添加酱油不可多放，成茶色就好。

4. 也可以将肉丝改为肉圆子、肉片，菜名即叫圆子汤、肉片汤等。

【学习要求】

肉丝粗细均匀；成菜滑嫩散籽，汤味清淡鲜美。

【讨论复习题】

1. 肉丝汤除使用本菜所列辅料外，还可以加哪些辅料？

2. 怎样制作大批量的肉片汤？

热

菜

107. 东坡肉（咸鲜味型）

【烹法】煨

【主料】猪五花肉 1 方（重约 1000 克）

【辅料】菜籽油 400 克　鸡骨适量

【调料】葱节 60 克　　鲜汤 1250 克　　冰糖 50 克　　姜 5 克
　　　　花椒 10 粒　　川盐 10 克　　　酱油 10 克　　料酒 20 克

【选料】选用肥厚的猪五花肉。

【制作】

1. 猪五花肉去尽残毛，刮洗干净，入沸水锅内氽 10 分钟，除去血水，捞起晾干水分。冰糖入锅，炒成金红色的糖汁待用。

2. 炒锅烧热，下菜籽油烧至七成热，将猪肉皮向下放入锅内，用汤瓢舀热油浇淋猪肉，直至炸成淡黄色，捞起沥干油。

3. 烧锅内放鸡骨垫底，将猪肉皮向上放入烧锅，加酱油、葱节、姜（拍破）、料酒、花椒、川盐、冰糖汁，掺鲜汤淹过猪肉 6 厘米，用旺火烧沸，改为小火烧熟时，将猪肉翻面继续煨㸆，捞出装盘，捡去姜、葱，再将原汁收浓淋猪肉上即成。

【风味特点】

菜色红亮，㸆糯浓香。

【注意事项】

1. 要拈净猪肉上的残毛，并反复刮洗干净。

2. 五花肉入沸水氽水时，要除尽血水。

3. 炒冰糖汁时，要掌握好火候，最后糖汁应成金红色。

4. 没有包罐也可以用不锈钢烧锅，还可用鸡足、鸡翅、篾笆等垫锅底。

【学习要求】

掌握好烧肉火候，成菜要㸆而不烂，色红味鲜。

【讨论复习题】

1. 为什么烧猪肉要先用旺火后用小火？

2. 烧肉时，猪肉皮朝上先烧的原因是什么？

3. 原汁收浓后才淋在东坡肉上的原因是什么？

108. 酥肉汤（咸鲜味型）

【烹法】炸、煨

【主料】猪肉（肥瘦搭配）150 克

【辅料】鸡蛋 2 枚　　菜籽油 500 克（耗 100 克）　　清汤 1250 克

【调料】川盐 10 克　　花椒 6 粒　　姜 10 克　　葱 10 克

　　　　料酒 5 克　　味精 5 克　　干细豆粉 100 克

【选料】选用去皮猪五花肉 150 克。

【制作】

1. 猪肉用清水洗净、去皮，切成 2 厘米见方的丁；葱洗净，绾成结；姜洗净，拍破。

2. 鸡蛋敲破入碗，加干细豆粉、川盐 5 克调成全蛋豆粉糊。

3. 锅置旺火上，菜籽油入锅内烧至七成热，将肉丁与全蛋豆粉糊拌匀，用手均匀的撒入油锅中，避免肉丁黏连一起，炸至呈金黄色时，滗去炸油，加入清汤、花椒、姜、葱、川盐，移至微火上煨软，捡去姜葱不用，加入料酒、味精即成。

【风味特点】

外酥内嫩、汤汁鲜美，别有风味。

【注意事项】

1. 成菜时，取出姜、葱不用。

2. 还可以加入泡涨去皮的雪豆与酥肉在汤中同煨成菜。

【学习要求】

学会炸、煨的操作技术，成菜外酥内嫩。

【讨论复习题】

1. 酥肉用什么部位的猪肉制作，原因是什么？

2. 如何掌握炸酥肉的火候？

热

菜

189

109. 香干鲫鱼（家常味型）

【烹法】炸、烧、煨

【主料】鲫鱼 500 克

【辅料】五香豆干 150 克　　化猪油 1000 克（耗 150 克）

【调料】川盐 5 克　酱油 5 克　　郫县豆瓣 20 克　　姜 10 克

　　　　葱 15 克　　醪糟汁 20 克　味精 3 克　　　　蒜 10 克

　　　　鲜汤 500 克

【选料】选用鲜活鲫鱼。

【制作】

1. 将鲫鱼去鳞、鳃，剖腹去内脏，洗净；葱择洗干净，葱白切成节，葱叶切成葱花；姜洗净，切成姜米；蒜去皮，切成蒜米；郫县豆瓣剁细。

2. 五香豆干去皮，切成二粗丝，在沸水中汆一下捞起，换冷开水浸漂待用。

3. 炒锅洗净放入化猪油，置旺火上烧至七成热，将鲫鱼梭入油锅炸至紧皮，捞起。

4. 锅内留油 50 克，下郫县豆瓣炒香，掺入鲜汤烧沸，滤去郫县豆瓣渣，加入 2 克川盐、酱油、姜米、蒜米、葱节、醪糟汁，放入鲫鱼移至小火上煨入味，下五香豆干丝慢煨入味，走菜时加入味精，撒葱花即成。

【风味特点】

此菜汤色红亮，质嫩味鲜微辣。

【注意事项】

1. 保持鱼形完整，五香豆干丝完整。

2. 五香豆干丝要漂去异味。

【学习要求】

要求五香豆干质嫩，汤鲜，味浓微辣。

【讨论复习题】

1. 鱼要炸进皮，用小火慢煨，其原因是什么？

2. 此菜与鲫鱼萝卜丝有什么不同？

110. 红枣肘子（咸甜味型）

【烹法】煨

【主料】猪肘 1000 克

【辅料】红枣 100 克　鸡骨 8 根

【调料】川盐 3 克　冰糖 200 克　姜 10 克　葱 10 克　鲜汤适量

【选料】用猪前肘

【制作】

1. 猪肘镊尽残毛，刮洗干净，放入锅内煮去血水和腥味；红枣用温水洗干净。

2. 姜洗净，拍破；葱洗净，绾成结。

3. 砂罐洗净先在底部垫上鸡骨，作用是避免汁浓时猪肘黏锅，然后放入肘子，掺入鲜汤，置于旺火上烧沸，撇去泡沫，加入川盐、姜、葱移至中火煨 20 分钟，放入冰糖和红枣，再用小火慢煨 2 小时，待肘子煨至汁浓黏稠时捡去姜、葱不用，肘子盛入圆盘，淋上原汁即成。

【风味特点】

色泽金红，㸆而不烂，咸甜鲜香，入口浓稠，营养丰富，最适合老年人和儿童食用。

【注意事项】

1. 猪肘要镊净残毛根，除尽血腥味。

2. 要选用色红肉厚，无变质的红枣。

【学习要求】

要求此菜㸆而不烂，形状完美，入口黏稠。

【讨论复习题】

砂罐锅底要垫鸡骨头的作用是什么？

热

菜

111. 苕菜狮子头（咸鲜味型）

【烹法】炸、煨

【主料】猪肥瘦肉 400 克　　干苕菜 50 克

【辅料】马蹄 150 克　　金钩 25 克　　火腿 50 克　　鲜青豆 100 克

　　　　鸡骨头 8 根　　鸡蛋 2 枚　　化猪油 500 克（耗 150 克）

　　　　化鸡油 50 克

【调料】川盐 6 克　　料酒 25 克　　姜 15 克　　葱 15 克　　味精 3 克

　　　　胡椒粉 3 克　　干细豆粉 50 克　　清汤 1000 克

【选料】选猪瘦肉 200 克、肥肉 200 克

【制作】

1. 金钩用清水发涨，马蹄去皮，猪肥瘦肉、火腿、鲜青豆分别洗净，分别切成颗。

2. 姜洗净，拍破；葱洗净，绾成结；干苕菜洗净。

3. 鸡蛋敲破，取蛋清入碗加干细豆粉调成蛋清豆粉，加金钩颗、马蹄颗、猪肥瘦肉颗、火腿颗、鲜青豆颗，同时加入川盐、料酒、胡椒粉、味精等拌匀后分成 4 份，捏成 4 个扁形圆子。

4. 锅置中火上，放入化猪油烧至六成热，将 4 个圆子放入油锅内炸至呈鹅黄色时捞起。

5. 烧锅洗净，放入鸡骨垫底，圆子放鸡骨上，掺清汤，放姜、葱，置小火上烧 1 小时，放入洗净的干苕菜，继续烧至熟透。

6. 走菜时使用大圆盘，将圆子摆成四方形，用苕菜镶在圆子周围，锅内的汤汁注入盘内，淋上化鸡油即成。

【风味特点】

形色大方，味美清香。

【注意事项】

1. 猪瘦肉用夹缝肉，肥肉用保肋肉。

2. 码肉时，豆粉不宜过多，以免圆子发硬。

3. 制作圆子时，手上抹一些水豆粉，才能保持形状光滑不散。

4. 如无化鸡油，可以用少量芝麻油代替。

5. 如在出产季节，则用新鲜苕菜代替干苕菜。

【学习要求】

做到质地细嫩，清香爽口。

【讨论复习题】

1. 为什么肥瘦肉只能切成碎颗，不能捶成茸？

2. 没有马蹄时，可以用什么代替？

3. 此菜有几种烹法，其各自的特点是什么？

112. 香糟肉（香糟味型）

【烹法】煨

【主料】猪五花肉 750 克

【辅料】化猪油 25 克　　鲜汤 1500 克

【调料】姜 20 克　　　葱 30 克　　醪糟汁 100 克　冰糖 125 克

川盐 5 克　　花椒 10 颗　酱油 5 克　　　胡椒粉 3 克

料酒 10 克　味精 2 克

【选料】选用带皮猪五花肉 1 方。

【制作】

1. 将猪五花肉去尽残毛，刮洗干净，切成 5 厘米长、2.5 厘米宽、1 厘米厚的片。

2. 姜洗净，用刀拍破；葱洗净，缩成结。

3. 炒锅置火上，放化猪油、25 克冰糖炒成棕色糖色，倒入碗中待用。

4. 炒锅洗净置中火上烧热，下入化猪油，放入肉片煸干水分，烹入料酒，掺鲜汤烧开，撇去泡沫，放入花椒、胡椒粉、姜、葱、醪糟汁、川盐、酱油、冰糖烧开，移至微火上继续煨，起锅时去掉姜、葱，放入味精收汁亮油即成。

【风味特点】

此菜色泽红亮，味甜咸糟香，肉爬不烂，肥而不腻。

【注意事项】

1. 在炒糖色时，不宜炒得过焦，加糖色时要恰当，以免色深味苦。

2. 在制作香糟肉的过程中，定味后一定要改用微火煨制。

【学习要求】

掌握好制作香糟肉的火候、颜色，爬而不烂，甜咸适口。

【讨论复习题】

1. 香糟肉、樱桃肉、红烧肉三者之间有哪些相同点和不同点？

2. 制作香糟肉先用什么火候，后用什么火候？

热

菜

113. 生烧豆瓣肘子（家常味型）

【烹法】煨

【主料】猪肘子 1 只（重约 1000 克）

【辅料】化猪油 100 克　猪骨适量

【调料】姜米 10 克　　　葱花 25 克　　　红酱油 15 克　　冰糖色 15 克

　　　　酱油 10 克　　　郫县豆瓣 75 克　川盐 2 克　　　　花椒 15 颗

　　　　料酒 50 克　　　味精 3 克　　　　鲜汤适量

【选料】选用新鲜猪肘 1 只。

【制作】

1. 猪肘子放入烧红无烟的炉中将皮烧焦，放入热水中浸泡几分钟后用小刀刮洗至白净，然后入沸水中余一下捞起待用。

2. 郫县豆瓣剁细。

3. 取砂锅装入猪骨垫底，放入猪肘子。

4. 炒锅置中火上，放化猪油烧至五成热，下郫县豆瓣炒香出色，掺入鲜汤烧沸，打去豆瓣渣，下姜米、花椒、料酒、川盐、红酱油、酱油、冰糖色少许，烧开后倒入盛肘子的砂锅，置于旺火上烧开，然后用微火将猪肘煨炉后捞出盛于盘内。

5. 将砂锅内的汤汁全部倒入炒锅中，用漏瓢打捞干净杂物后将汤汁收浓，加入味精、葱花，淋在肘子上面即成。

【风味特点】

色泽红亮，咸鲜香辣，豆瓣味浓，炉而不烂，亮汁亮油，大方美观。

【注意事项】

1. 在制作时，不能使用旺火，才能保证郫县豆瓣炒香而不炒焦，锅内的汤汁不要烧干。

2. 在烧猪肘皮时，注意不要黏有杂质。

【学习要求】

要求制作的肘子色鲜味浓，炉而不烂，形状美观。

【讨论复习题】

1. 制作豆瓣肘子先用什么火候，后用什么火候？

2. 为什么煨猪肘的锅内要用骨头垫底？

3. 豆瓣肘子除了以上烹调方法外，还有其他什么烹调方法？

114. 清汤萝卜卷（咸鲜味型）

【烹法】卷、蒸

【主料】萝卜 2 个（约重 500 克）　　鸡脯肉 100 克

【辅料】猪肥膘肉 75 克　　鸡蛋 4 枚　　熟火腿 50 克　　番茄 1 个
　　　　豌豆尖苞 10 朵　　清汤 600 克

【调料】干细豆粉 10 克　　川盐 3 克　　味精 3 克

【选料】选大小均匀，长约 18 厘米的花缨子萝卜。

【制作】

1. 豌豆尖苞入沸水汩一下，入清水中漂冷；番茄去皮、籽，切成薄片；取干细豆粉 25 克与 2 枚鸡蛋清拌成蛋清豆粉；熟火腿切成丝待用。

2. 鸡脯肉和猪肥膘肉分别用刀背捶茸，用清水少许解散，加川盐、味精、2 枚鸡蛋清，用力搅成鸡糁。

3. 萝卜洗净去皮，入沸水煮断生，换清水漂冷，捞起修成长 6 厘米、宽 3 厘米的长方块，再顺切成长 6 厘米、宽 3 厘米、厚 0.5 厘米的片，共 36 片，将萝卜片搌干水分，逐一抹上蛋清豆粉，取小部分鸡糁顺摆在萝卜片上成一字条，每片上放 1 根火腿丝，随即用手平稳地向前裹成直径约 1.5 厘米的卷，将裹好的 36 条萝卜卷，结头向下盛于碗内，上笼蒸 2 分钟，取出装入汤碗摆成风车形。将豌豆尖苞、番茄片岔色相间放在萝卜卷的周围，再将烧沸、吃好味的清汤灌入汤碗内即成。

【风味特点】

色泽美观，汤清菜嫩，味鲜爽口。

【注意事项】

1. 萝卜不可煮得太久，淋汤时不要把风车形状冲坏了。

2. 裹好装盘时结头处向下，以免散托。

【讨论复习题】

1. 萝卜过炻，酿鸡肉糁过多对成菜有什么影响？

2. 什么季节出产的萝卜品质最好？

热

菜

115.网油腰卷（咸鲜味型）

【烹法】卷、炸

【主料】猪腰2个

【辅料】猪肥瘦肉100克　　水发兰片75克

　　　　猪网油250克　鸡蛋4枚　菜籽油1000克（耗100克）

　　　　生菜20克

【调料】川盐5克　　　　料酒10克　　胡椒粉3克　　味精3克

　　　　干细豆粉70克　芝麻油5克　　花椒面3克　　白糖5克

　　　　醋4克

【选料】用新鲜猪腰2个，重约200克。

【制作】

1.猪腰撕去膜，用刀平片成两瓣，去净腰臊，再片成大薄片，顺切成7厘米长的细丝；猪肥瘦肉和水发兰片也分别片成薄片，再切成细丝，长度与腰丝相等。猪网油洗净揩干水分，修切成18厘米长、8厘米宽的片，共4张。

2.用川盐、味精、花椒面拌匀对成椒盐味碟；生菜洗净切丝，加川盐、白糖、醋、芝麻油拌成糖醋生菜。

3.将2枚鸡蛋敲破，取鸡蛋清、25克干细豆粉调成蛋清豆粉。

4.另取2枚鸡蛋敲破装碗中，加25克干细豆粉调成全蛋豆粉，放入猪腰丝、猪肉丝、水发兰片丝，加料酒、味精、胡椒粉、川盐5克拌匀。

5.将修切整齐的网油平铺在盘中，用蛋清豆粉逐一抹在网油上，取拌好味的腰丝馅料在网油上面摆成一字形向前推卷，裹成4条18厘米长，直径2厘米粗的卷，卷两头用蛋清豆粉黏牢，以免炸时漏馅。卷上扑上干细豆粉。

6. 锅置旺火上，放入熟菜籽油烧至八成热，逐条下入粘上干细豆粉的腰卷炸成金黄色捞出，放在干净墩子上，切成6厘米长的节，刷上芝麻油，摆于条盘的一端，另一端摆糖醋生菜，配椒盐味碟即可入席。

【风味特点】

色泽金黄，皮酥内嫩，鲜香可口，传统佳肴。

【注意事项】

1. 卷和炸的时间要紧凑，不能包好后放置时间过长，否则猪腰丝“吐水”就不好炸了。

2. 网油要完整不烂，洗净揩干水分再改刀。

3. 裹卷时要求粗细一致，炸时油温不宜过高，以免外焦内生。

【讨论复习题】

裹卷时两头用蛋清豆粉黏牢和炸时油温过高对此菜有何影响？

116. 芙蓉鸡片（咸鲜味型）

【烹法】摊、烩

【主料】鸡脯肉 150 克

【辅料】熟火腿 15 克　豌豆尖苞 50 克　净冬笋尖 25 克　鸡汤 250 克
　　　　鸡蛋 4 枚　　化猪油 100 克

【调料】水豆粉 30 克　　川盐 5 克　　料酒 2 克　　胡椒粉 3 克
　　　　味精 4 克　　　化鸡油 15 克

【选料】母鸡脯肉。

【制作】

1. 母鸡脯肉洗净去皮、膜，放在干净的菜墩上用刀背捶茸，一边捶一边用斜刀刮去白筋，捶茸后放于碗内加 100 克冷鸡汤解散，然后依次加 20 克水豆粉、3 克川盐、2 克味精、料酒、4 枚鸡蛋清，每加一样搅一次，直到搅成稀糊状待用；

2. 熟火腿、净冬笋尖分别切成薄片；豌豆尖苞择洗干净，备用。

3. 炙锅后置中小火上，下化猪油烧至六成热，滗去油，用炒瓢将调好的鸡茸糊分批次舀入锅内逐个摊成圆型鸡片，用小铲铲入盛有鲜汤的碗内漂去油质，直到将鸡茸全部摊完，每摊一次应用油烧一次锅。

4. 锅内留油 50 克，下火腿片、冬笋片、碗豆尖苞微炒，下 150 克鸡汤、川盐 2 克、胡椒粉、味精 2 克、水豆粉 10 克勾成二流芡汁，再将鸡片捞出倒入锅里铲转，最后从锅边下化猪油 15 克，即可起锅装盘。

【风味特点】

鸡片雪白，红绿相衬，颜色美观，质嫩味鲜。

【注意事项】

1. 烹制的锅必须事前洗干净，掌握好火候，鸡茸摊成白色为佳品。

2. 锅烧烫，不烧红，以免鸡茸下锅后黏起发煳。

3. 成菜时不要铲重了，微推几下就要起锅。

【学习要求】

颜色洁白，鸡茸片完整，质地细嫩。

【讨论复习题】

1. 配料选用火腿、笋尖、豌豆尖苞有什么作用？

2. 本菜不用摊还可以采用哪种方法，两种做法的优点和缺点是怎样？

117. 鸡豆花（咸鲜味型）

【烹法】冲

【主料】母鸡脯肉 125 克

【辅料】鸡蛋 4 枚　熟瘦火腿 5 克　鲜菜心 50 克　清汤 1000 克
　　　　冷鸡汤 100 克

【调料】川盐 4 克　味精 3 克　胡椒粉 3 克　料酒 2 克　水豆粉 20 克

【选料】净母鸡鸡脯肉。

【制作】

1. 母鸡脯肉洗净后放在干净墩子上，用刀背一边捶一边用斜刀刮去白筋，将捶至极茸的鸡茸放入碗内，加 100 克冷鸡汤解散，一次加入川盐、味精、胡椒粉、水豆粉，每加一样搅一次

2. 取鸡蛋清搅起泡，倒入鸡茸内搅匀成鸡茸糊浆，待用；熟火腿切成细末；鲜菜心用刀修齐，用清汤汆熟，放清水中漂冷，装入汤碗底。

3. 锅洗净，掺入清汤 1000 克烧沸，加味精、川盐、料酒，用竹筷搅匀鸡茸糊浆倒入锅里，待微沸时用炒瓢顺着锅边轻轻地推动几下，以免黏锅。当锅内形成豆花形状，将火调至微火上 10 分钟，待鸡豆花全部凝聚，将鸡豆花舀入装有菜心的碗中，从碗的周围灌入清汤，再把火腿末撒在鸡豆花上即成。

【风味特点】

形如豆花，鲜嫩清爽，高级汤菜。

【注意事项】

1. 此菜必须选用老母鸡的鸡脯肉，成菜才能凝聚成豆花状；如用嫩鸡脯肉则不易凝聚，成品散而不凝，成为鸡淖。

2. 雄鸡脯肉质地粗而不细，虽经捶茸，但仍有微细颗粒，凝聚质量不好。

3. 对鸡浆用的盐要碾细，水豆粉要发透，以免影响菜肴质量。

【学习要求】

对鸡浆质地要白，火腿要红，鸡豆花要聚集而不散。

【讨论复习题】

1. 本菜的"冲"与芙蓉鸡片的"冲"在做法上有哪些不同？

2. 老母鸡脯肉与嫩鸡脯肉各有什么特点？本菜为什么选用老母鸡脯肉？

热

菜

118. 肉豆花（咸鲜味型）

【烹法】冲

【主料】猪腰柳肉 150 克

【辅料】鸡蛋 4 枚　熟火腿 15 克　鲜菜心 50 克　特级清汤 1000 克

【调料】川盐 4 克　味精 3 克　胡椒粉 2 克　水豆粉 25 克　料酒 2 克

【选料】新鲜的猪腰柳肉。

【制作】

1. 猪腰柳肉放入清水浸漂 10 分钟，除净血水后放在干净墩子上用刀背捶茸，盛入碗内用 100 克冷清汤解散，依次加入川盐、味精、胡椒粉、水豆粉、料酒，每加一样搅一次。

2. 取鸡蛋清盛入碗内，用竹筷搅成泡，倒入肉糊内搅匀成糊状待用。

3. 鲜菜心用刀修切整齐，入沸水汆断生，入清水漂冷；熟火腿切成细末待用。

4. 锅置旺火上，掺 900 克清汤烧沸，下川盐、味精，用竹筷搅匀肉糊浆倒入锅中，烧至微沸时，用炒瓢轻轻推动一下以免黏锅，并把火调至微火上爆 10 分钟，直到肉糊浆凝结成豆花状。

5. 将菜心放入清汤中过两次，捞起放碗底，将肉豆花舀在菜心上，再舀起热汤从碗的周围灌下，最后把火腿末撒在肉豆花上即成。

【风味特点】

形如豆花，清澈见底。红白相间，鲜嫩可口。

【注意事项】

灌汤时，不要把豆花冲散了，要求汤色清亮不浑。

【讨论复习题】

本菜作法与制作鸡豆花有什么区别？

119. 芙蓉兔片（咸鲜味型）

【烹法】冲

【主料】兔肉 125 克

【辅料】豌豆尖苞 12 朵　化猪油 1000 克（耗 150 克）　鸡汤 300 克
　　　　水发口蘑 10 克　熟火腿 40 克　鸡蛋 4 枚

【调料】川盐 5 克　胡椒粉 3 克　料酒 4 克　芝麻油 5 克
　　　　味精 3 克　水豆粉 60 克

【选料】选用肉厚的大兔腰肉。

【制作】

1. 兔肉洗净去膜，放在干净墩子上用刀背捶成茸，放入碗内加冷鸡汤 100 克解散，加盐、胡椒粉、料酒、水豆粉、鸡蛋清搅匀至浓糊状，待用；豌豆尖苞洗净，熟火腿、水发口蘑分别切成薄片。

2. 锅置小火上用油炙锅后，舀入化猪油烧至六成热，锅外高内低斜置，左手用炒瓢分次舀兔肉浆糊倒在高的一面，速将锅向外倾斜，利用锅内的热油将兔肉浆逐一荡成片，每荡成一片立即用大漏瓢捞出，浸泡于鲜汤中，以保持呈白色状态，直到兔肉浆全部制完，待用。

3. 锅内留油 50 克，置在小火上，下豌豆尖苞、火腿片、口蘑片微炒，掺鸡汤 200 克，下川盐、味精、胡椒粉、料酒、水豆粉勾成二流芡汁，然后将兔肉片捞出倒下锅和匀，起锅盛于青花条盘内，淋入芝麻油即成。

【风味特点】
色彩美观，细嫩鲜香，营养丰富。

【注意事项】
掌握好火候，锅烧烫而不烧红，兔肉浆"冲"成白色为佳品。

【学习要求】
菜色洁白，质感细嫩，兔肉片完整。

【讨论复习题】
此菜与芙蓉鸡片在制作和调味上有哪些区别？

热

菜

120. 泸州烘蛋（咸鲜味型）

【烹法】烘

【主料】鸡蛋 5 枚

【辅料】化猪油 1500 克（耗 200 克）

【调料】川盐 3 克　　胡椒粉 2 克　　味精 2 克　　水豆粉 50 克

【制作】

1. 鸡蛋敲破入碗内，加川盐、味精、胡椒粉、水豆粉、清水用竹筷搅成较稀的蛋糊状待用。

2. 炙锅后，锅置小火上，下化猪油 100 克烧到七成热，将蛋糊倒入锅内烘，并用手铲不断的搅动，待蛋糊收浓时用手铲将烘蛋烘焙成长方形，然后将烘蛋翻一面起锅改刀成菱形块，再放入七成热温化猪油中，用温火翻烘起泡，盛入大圆盘即成。

【风味特点】

外酥内嫩，鲜香可口。

【注意事项】

1. 搅蛋糊的锅要提前炙好，应掌握好烘蛋的火候，避免黏锅焦煳。

2. 调蛋糊时，应掌握好清水和豆粉的使用比例。

【学习要求】

掌握火候，锅烧烫而不烧红。

【讨论复习题】

此菜与煎鸡蛋在制作和调味上有哪些区别。

煎

121. 家常豆腐（家常味型）

【烹法】煎、烧

【主料】石膏豆腐 6 块（重约 600 克）

【辅料】猪肥瘦肉 100 克　　菜籽油 50 克　　化猪油 50 克
　　　　蒜苗 75 克

【调料】川盐 4 克　　酱油 3 克　　味精 3 克　　水豆粉 20 克
　　　　郫县豆瓣 15 克　　鲜汤 250 克

【选料】洁净的石膏豆腐

【制作】

1. 将石膏豆腐切成长 5 厘米、宽 3 厘米、厚 1 厘米的片；猪肥瘦肉切成小指甲片；蒜苗洗净，切成 4 厘米长的节；郫县豆瓣剁细。

2. 锅置旺火上，放入菜籽油烧至六成热，将豆腐逐一放入锅内，将豆腐两面都煎黄后铲入盘内待用。

3. 锅内舀入化猪油，置旺火上烧至六成热，放入猪肥瘦肉片炒干水分，下郫县豆瓣炒香，再依次下鲜汤、川盐、酱油，将煎好的豆腐倒入锅内，用微火煸入味，下味精收至油汁分明时，下蒜苗和匀，用水豆粉勾成二流芡即成。

【风味特点】

色泽金红，外软内嫩，味鲜香辣，亮汁亮油。

【注意事项】

1. 煎制前锅必须洗干净，豆腐要切得大小均匀才入味。

2. 锅烧热不烧红，以免菜焦煳；豆腐要煎成两面黄色，煸时才不易烂块。

【学习要求】

1. 熟练掌握煎豆腐的操作规程。

2. 成菜时要亮汁亮油。

【讨论复习题】

煎豆腐的锅不干净、不炙锅，豆腐切得厚薄不匀，会造成什么后果？

122. 合川肉片（荔枝味型）

【烹法】煎、熘

【主料】猪肥瘦肉（肥瘦搭配）200 克

【辅料】化猪油 150 克　鸡蛋 2 枚　水发兰片 100 克　水发木耳 50 克

【调料】水豆粉 100 克　　葱 15 克　　川盐 3 克　　　酱油 5 克
　　　　醋 10 克　　　　料酒 5 克　白糖 10 克　　味精 3 克
　　　　芝麻油 5 克　　　姜 10 克　　蒜 10 克　　　鲜汤适量

【选料】选用肥三瘦七的新鲜猪肉或猪腿尖肉，选用新鲜鸡蛋。

【制作】

1. 水发木耳淘洗干净，去尽杂质，滤干水分；水发兰片用水洗净，片成薄片；葱切马耳形；姜、蒜切米；猪肉切成长 4 厘米、宽 3 厘米、厚 0.3 厘米的片盛于碗内。

2. 鸡蛋敲破，鸡蛋液加川盐、料酒与猪肉片拌均匀，加水豆粉拌匀。

3. 取碗加入白糖、酱油、料酒、味精、醋、水豆粉、鲜汤对成滋汁。

4. 锅置中火上，放入化猪油 100 克烧至五成热，下肉片用小铲慢慢拨动使其不焦，待肉片煎黄时滗去余油，簸转翻面，继续用中火将肉片的另一面煎黄。此时加化猪油 25 克继续煎至肉片两面金黄酥香，加入姜米、蒜米炒香，将肉片拨至锅边，将木耳、兰片、马耳葱倒入油锅微炒，加少许川盐合炒，烹入滋汁和匀，淋入芝麻油簸转后起锅即成。

【风味特点】

色泽金黄，入口酥香，肉质鲜嫩，荔枝味浓。

【注意事项】

1. 用鸡蛋液、水豆粉拌和的肉片不宜过干，也不能过稀。

2. 在簸锅翻面时，应滗去锅内多余的油，以免油溅烫伤。

3. 在烹此菜时，应经常转换火力，不断改变使用中、小火。

4. 在起锅时，动作要快，滋汁中不能掺汤太多。

【学习要求】

1. 能正确上浆码味。

2. 制作的菜成块不烂，颜色深黄不焦。

3. 制作的菜保持外酥香，内鲜嫩。

【讨论复习题】

1. 合川肉片在制作中常用那两种火力？

2. 在簸锅翻面时，特别要注意什么？

3. 合川肉片主要是用的哪种烹制方法？成菜后应保持什么特点？

123. 梅花鲜腿（咸鲜味型）

【烹法】贴、烙

【主料】净熟火腿 500 克

【辅料】嫩豌豆 50 克　猪肥膘肉 300 克　鸡蛋清 1 枚　混合油 50 克

【调料】川盐 3 克　　干细豆粉 25 克

【选料】选用上等火腿

【制作】

1. 将鸡蛋打破，取蛋清入碗，加干细豆粉调成蛋清豆粉；嫩豌豆放入沸水中煮熟去皮，分为两瓣。

2. 猪肥膘切成片，再修切成 10 朵梅花形；火腿切片，同样修切成 10 朵梅花形。

3. 将猪肥膘铺在墩子上，用干净热毛巾揾干肥膘上的油和水，先抹川盐，再抹蛋清豆粉，贴上火腿梅花形片，火腿片上间隔点上蛋清豆粉，贴上豌豆瓣。

4. 煎锅置中火上，放入混合油烧至二三成热，将 10 朵梅花火腿片逐个梭入锅内烙熟，即起锅入盘。

【风味特点】

色泽美观、酥香可口。

【注意事项】

1. 梅花火腿片大小一致，厚薄均匀。

2. 烙时注意火候，不焦不煳。

【学习要求】

要求成菜后，猪肥膘肉与火腿不能分离，花形完整，形色美观。

【讨论复习题】

1. 火腿与肥膘分离的原因是什么？

2. 可以采用什么方法使火腿和肥膘不分离？

热

菜

烤

124. 挂炉烤鸭（咸鲜味型）

【烹法】挂炉烤

【主料】肥鸭 1 只（重约 1500 克）

【辅料】宜宾芽菜 100 克　饴糖 100 克　青杠柴 2500 克　荷叶饼 2 盘

【调料】郫县豆瓣 50 克　永川豆豉 25 克　泡红海椒 2 根　五香粉 4 克

　　　　料酒 50 克　　　川盐 20 克　　　味精 3 克　　　胡椒粉 3 克

　　　　姜 20 克　　　　葱 15 克　　　　鲜卤水 200 克

【选料】选用肥嫩鸭子 1 只。

【制作】

1. 初加工：鸭子宰杀后，放入开水烫后褪毛，清洗干净，将鸭前翅宰掉只留一节中翅膀。在鸭翅下开小口，掏出全部内脏后再清洗一次，用约 12 厘米长的竹片从开口处放进横向撑开鸭胸腔，避免鸭腹在烤时收缩，再用约 3 厘米长的细竹签将鸭肛门闩上，以避免烤鸭时漏油水。

2. 上料：姜洗净，拍破；葱择洗干净，切成 5 厘米长的段；芽菜洗净，切成短节，泡红海椒切成 6 节，与郫县豆瓣、永川豆豉、五香粉、料酒、川盐、胡椒粉拌匀，从翅下开口处灌入鸭腹内。

3. 出胚：用专制的倒须钩挂住填好料的鸭颈，提起在卤锅内烫约 3 分钟，此方法是使鸭皮收缩发亮，避免烤时鸭皮破裂。待鸭身收干水分后均匀地抹上饴糖，在肉厚的地方适当的多抹一点，挂在阴凉地方，夏天约晾 3 小时，冬天约晾 8 小时。

4.灌卤水：取鲜卤水加味精烧沸，灌入鸭腹内，用左手食指从鸭翅开口处伸进，指尖能摸到卤水时为适合。

5.看火上炉：烤炉上方有专用的铁杆用于悬挂烤鸭，取青杠柴2500克，交叉架在炉堂内，点燃烧至青烟散尽成木炭，将木炭刨在两边，炉门边可多堆一些便于调整炉内火力。当火力不均时可用特制火钳将炉门边的炭火输送在周围，待炉内的火力均匀时，用约长1.2米的特制铁钩杆将鸭胚送进炉内，鸭胸脯向外挂在烤炉内铁杆上。炉堂正中放碗接住烤鸭身滴下的油，一定要避免鸭油滴在炭火上引起燃烧，每隔20分钟翻面，目的是使鸭全身受热均匀。鸭烤约40分钟即成熟，成品颜色金红，出炉后放在干净的墩子上，从鸭腹部用平刀剖开，倒出鸭腹内辅料，斩成一字条，按原部位形状盛于大青花凹盘，淋上炉内碗中接的鸭油和卤水，另配两盘荷叶饼入席。

【风味特点】

颜色红亮，鸭皮酥香，鸭肉嫩鲜。

【学习要求】

要求准确地掌握火候，鸭身呈金红色，鸭皮酥香，鸭肉细嫩。

【讨论复习题】

1.如何掌握火候才能达到烤鸭颜色金红，皮酥肉嫩的要求？

2.烤炉中放碗起什么作用？

热

菜

125. 烤酥方（咸鲜味型）

【烹法】明炉烤

【主料】猪肉 1 方（约 7500 克）

【辅料】清汤 1000 克　干木柴 5000 克　杠炭 4000 克　荷叶饼 10 块

【调料】川盐 5 克　　料酒 100 克　　葱白 500 克　　蒜 200 克

甜酱 200 克　芝麻油 50 克

【选料】选肉皮平整完好、膘厚带皮、有 9 条肋骨的硬边保肋肉 1
方，修成长 30 厘米、宽 27 厘米形状。

【制作】

1. 猪肉去净毛，入清水刮洗干净，然后肉皮向下，排骨向上放在案
板上，用直径 1 厘米粗的尖头长竹签在排骨缝中的瘦肉上扎入若干气眼，
深度以接近肉皮，但不把肉皮刺破为准。再用干净热毛巾揩干水分，用
一把大号钢质二股叉从排骨之下、肥肉之上的瘦肉中叉进，叉尖伸出肉
方外约 30 厘米。

2. 先放 1000 克干柴入炉点燃，保持炉中火苗露出炉口 30~60 厘米，
火苗不足时随时添加木柴。手拿叉柄将肉方皮向下，排骨向上送进炉内
燎皮，同时调整火力均匀，反复拧动叉柄使肉皮与地平线成 85 度左右，
注意速度中间稍快，开始、结束稍慢，重点是燎肉方的四周和四角，故
行业内有"烤方烤方，要燎四方"之言。

3. 当燎至肉皮上的毛孔似沸腾，粗老的猪皮被烤成一层很薄的黑
筋，自行整张地脱落时，将肉方挪离火口，用洁净的布擦净叉尖，取下
肉方，用小刀轻轻地刮去皮上焦壳，再放入烫水中清洗 2 次，再用净布
揩干水分。若燎皮时有的地方没有脱落，则该处火候还不够或叉柄拧动
不匀，所以说燎四方是很重要的。

4. 通过出坯后保留的肉皮比原来的肉皮薄，约 0.5 厘米厚，皮上微现
出蜂窝状的花纹呈浅黄色。取川盐、料酒调匀，用手指抹于肉皮上面，
本道工序即成。待本菜上席前 20 分钟再进行烤酥工序。

5. 烤酥。取 24 块青砖在平坦的地面上砌烤池，将杠炭 4000 克烧红，
平放不要立放在烤池中，否则杠炭立刻便形成火苗，烤酥时是严禁有火
苗的。用干净大号钢叉将肉方从原叉眼叉好，皮向下放于烤池中，左右
拧动叉柄，角度与出坯相同，但速度稍快。烤至肉方出油时，将烤池内
的炭火用火钳拣于烤池四周，前后两端多放一些，去尽烤池中心的火
星，以免肉方上的油滴在火上引起火苗。用手继续拧动叉柄烤肉方，此
时肉方皮上的油有很多，为了使油在肉方皮上反复流动把皮烫酥又不掉
下来，故拧动钢叉的速度应加快。烤至肉方呈金黄色时，用手指握着
刀柄，将肉方拿出烤池，用刀尖在肉皮上敲几下，如发出酥泡的响声就
为合格。然后将芝麻油 15 克刷于酥皮上，揩净叉尖后取下酥方，酥皮向

上放入大圆盘中。用刀将酥皮平铲，将铲下的酥皮切成 5 厘米长、2 厘米宽的片，并照原样摆于肉方之上，再盛于大圆盘上。

6. 给每个客位配汤杯 1 个，杯内盛加了味的清汤 100 克；每人再配 9 厘米手碟 1 个，内盛蒜片 4 片；甜酱与芝麻油对匀，每碟约用 10 克；5 厘米长的开花葱 3 段，分别摆入碟内成三叉形。另外，再配直径 20 厘米圆盘 2 个，每个盛荷叶饼 5 块，连同酥方一同上席。一般只吃酥方皮，不吃肉，肉可以用来做回锅肉，别有风味。

【风味特点】

此菜一般作为高级宴席中的配菜，成品色泽金黄，体态大方，咸鲜酥香，爽口不腻。

【注意事项】

烤酥方是由选料、初加工、出坯、烤酥、铲皮上席等多环节构成，每一步操作过程都要求细致精心，充分体现此菜传统工艺的繁杂，对火候掌握要求较严，操作中稍不注意，就会发生质量事故，吃法讲究，故而名贵。

以下是易发生的质量事故及补救方法。

1. 肉皮鼓泡。鼓泡在出坯和烤酥中都有可能发生，其原因是皮上的气眼扎得不好或叉柄拧动角度太大。补救的方法是把肉方暂离烤池，用尖头竹签在鼓泡附近的瘦肉中刺眼放气，若鼓泡太大可用刀将鼓泡的皮割去，抹上一层蛋清豆粉继续烤制。

2. 硬皮。发生硬皮的原因是出坯时火候不匀或烤酥时拧动角度太小。补救方法是将肉方拿离烤池，用火钳在池中拣一块大小与硬皮相等的红杠炭靠近硬皮处烤至微焦，再用小刀将烤焦的皮刮去一层继续上烤池烤。

3. 烂皮。发生烂皮的原因是在出坯时拧动速度太慢，以致肉皮被烤烂。补救方法是用蛋清豆粉厚厚地抹一层在烂皮处，继续上烤池烤。

4. 漏油。在选料或刺气眼没有注意刺穿了皮，皮上有眼就会漏油。可用蛋清豆粉抹严穿皮后再继续烤。

【学习要求】

认真选料，切实掌握出坯和烤酥的操作关键。摆动叉柄动作要均匀，使用火候适当，动作敏捷，尽量克服鼓泡、硬皮、漏油等质量事故。

【讨论复习题】

1. 什么叫出坯，详述其操作过程？

2. 容易发生的质量事故主要有哪些，补救方法是什么？

3. 为啥在烤酥方过程中，事前要准备好尖头竹签和蛋清豆粉？

4. 制作本菜，怎样选料？

热

菜

126. 生片火锅（咸鲜味型）

【烹法】烫

【主料】活鲫鱼 400 克　　鸡胗 3 个　　猪腰 200 克　　鸡脯肉 150 克

【辅料】白菜心 150 克　　嫩豌豆尖 150 克　　嫩菠菜 250 克

　　　　香菜 100 克　　细豌豆粉条 100 克　花生仁 150 克

　　　　菜籽油 500 克（约耗 150 克）　　　清汤 1250 克

【调料】姜米 50 克　　胡椒粉 10 克　　川盐 20 克　　味精 10 克

　　　　料酒 15 克　　葱花 100 克

【选料】选大白猪腰、细豌豆粉条。

【制作】

1.鲫鱼去鳞、鳃、内脏，洗干净，剐下鱼肉，片成 5 厘米长、0.5 厘米厚、宽与鱼身相当的鱼片；鸡胗洗净去尽筋皮，片成薄片；鸡脯肉片成 6 厘米长、4 厘米宽、0.5 厘米厚的片；猪腰对剖，片去腰臊，再片成 7 厘米长、4 厘米宽、0.3 厘米厚的片。将以上生片分别摆入 4 个青花七寸圆盘内成风车形，称"四生盘"。再取小碗 1 个，放入川盐 5 克、料酒调匀，淋在各生片上，再撒上姜米 5 克。

2.白菜心洗净，抽筋，撕成两瓣；嫩豌豆尖、嫩菠菜、香菜分别择洗干净；将白菜心、菠菜、豌豆尖、香菜分别装入四个青花七寸圆盘内，称"四鲜菜"。

3.花生仁用温水约泡 10 分钟捞起，剥去皮。锅里装菜籽油置火上，将花生仁炸酥，细豌豆粉条炸成白色酥泡，分别装入五寸青花盘内，称"双油酥"。

4.将姜米、胡椒粉、葱花、川盐、味精分别装入五个红花边四寸平盘内成调味碟，供食者各自调味蘸食。

5. 将四生盘、四鲜菜、双油酥、调味碟和食者的调味手碗在餐桌上摆好，中间放一粗瓷大托盘，托盘中间掺适量清水，再将酒精火锅放在托盘上面。就餐时，掺入清汤在火锅内，点燃酒精，待锅内清汤沸后食者根据自己的喜爱，取四生片、四鲜菜、双油酥自行烫食。

【风味特点】

此菜吃法讲究，是用生片、鲜菜在火锅内烫熟而食，味清鲜，秋冬季节佐酒下饭均宜。

【注意事项】

1. 秋天可选用两朵大白菊花，切去花蒂，抽出花瓣洗净，仍以菊花原形摆入七寸青花圆盘内，另用油条2根切成3厘米长的段；馓子3把，临上席时放入油锅炸一下，保持酥脆。锅内换成奶汤，称为"生片菊花锅"；将菊花换成梅花，称为"生片梅花锅"。制作这两种火锅的奶汤都需要炒葱油，以提取鲜香味。

2. 除鱼片外，生片与鲜菜可按季节变换，但只能用4样。

3. 鲜活鲫鱼选用约6厘米长的为宜，无鲫鱼，可用鲶鱼、草鱼、鲤鱼替代。

4. 生片与鲜菜都需选新鲜细嫩的原料。

5. 粉条、花生勿炸焦煳，粉条不能碎。

【学习要求】

要求四生片厚薄均匀，汤味鲜，火力足，成菜嫩鲜美。

【讨论复习题】

1. 生片与鲜菜除鱼片外，可以变换吗？

2. 除了这种清汤火锅外，还有什么类型的火锅？

3. 刀工上怎样操作才能达到生片的要求？

4. 不要酒精火锅，还可用什么做燃料，如何操作？

热

菜

127. 玫瑰锅炸（甜香味型）

【烹法】煮、炸、粘糖

【主料】面粉 100 克　　水豆粉 25 克

【辅料】鸡蛋 1 枚　　蜜玫瑰 25 克　　菜籽油 500 克（耗 75 克）

【调料】白糖 100 克　　干细豆粉 250 克（耗 50 克）　　水豆粉 25 克

【选料】新鲜鸡蛋，洁净的豌豆粉。

【制作】

1. 将鸡蛋敲破入碗，加面粉、水豆粉、清水用竹筷搅拌均匀，搅到面粉没有小细粒后，再慢慢加入 100 克清水，一边加一边搅直到搅成稀蛋糊浆。

2. 炒锅洗净置旺火，掺清水 100 克烧开，将搅好的蛋糊浆慢慢倾入开水锅中，一边倾一边用小面棒快速搅动，至面糊浆凝固起大泡不黏锅时倒入抹好油的平底盘中，按成 1.5 厘米厚的方饼形晾冷，用刀切成 6 厘米长、1.5 厘米见方的条，扑上干细豆粉成锅炸坯条。

3. 炒锅置旺火上，下菜籽油烧至八成热，放入锅炸坯炸 5 分钟捞起，稍晾冷，再全部倒入八成热油锅中炸至金黄色，捞起滤干油待用。

4. 炒锅洗净置小火上，加清水 100 克烧开，下白糖用小锅铲翻炒，随着水分不断蒸发加快翻炒的速度，至糖汁冒大气泡翻白时，加入剁细的蜜玫瑰，放入锅炸坯条翻炒均匀，并将锅端离火口，使糖汁均匀地黏满锅炸坯条即成。

【风味特点】

色泽金黄，外酥内嫩，香甜化渣。

【注意事项】

1. 面粉先用清水发湿，把面颗揉散，才掺清水、鸡蛋液、水豆粉。

2. 清水要对得不多不少，搅动速度要快而均匀。

3. 炒糖汁的锅要洗干净，不沾油。

4. 干豆粉碾细，将锅炸坯条扑上干细豆粉。

【学习要求】

学会将面糊浆搅至浓缩，炸坯粘糖成菜，外酥内嫩，甜香化渣。

【讨论复习题】

1. 为什么搅面糊要慢慢掺水，不断加快搅动速度？

2. 炒糖汁的锅为什么不能沾油？

128. 糖粘羊尾 (甜香味型)

【烹法】炸、粘糖

【主料】熟猪肥膘肉 250 克

【辅料】菜籽油 750 克 (耗 75 克)　鸡蛋 2 枚　芝麻 8 克

【调料】白糖 200 克　干细豆粉 65 克

【选料】选连皮的熟猪保肋肥膘肉 1 方。

【制作】

1.熟肥膘肉去皮,切成约 5 厘米长的筷子条,放入沸水内汆一水,捞出揸干水分。

2.芝麻洗干净,炒熟,研成末。

3.鸡蛋敲破入碗,与干细豆粉调成蛋糊,把肉条放入碗内与蛋糊拌合均匀,使肉条都裹上一层蛋糊。

4.锅置旺火上,下菜籽油烧至六成热,逐条放入肉条油炸,并用炒瓢搅动,炸至金黄色时捞起。

5.无油的干净炒锅置中火上,加清水烧开,下白糖用小铲不停搅动,待水分渐渐蒸发,糖汁冒起大气泡时,倒入炸好的肉条,用手铲不停地翻炒,同时加入芝麻末,再翻炒几下簸匀晾冷即成。

【风味特点】

颜色雪白,形似羊尾,外酥内嫩,油而不腻,甜香可口。

【注意事项】

1.用去膜后的猪板油制作本菜,效果更好。

2.炒糖汁前,锅要洗干净。

【学习要求】

羊尾大小长短一样,颜色雪白,外酥内嫩,甜香爽口。

【讨论复习题】

1.如何掌握好炒糖汁的火候?

2.怎样做到粘糖不脱,松脆化渣?

热

菜

129. 网油枣泥卷（甜香味型）

【烹法】卷、炸、粘糖

【主料】网油 250 克

【辅料】蜜枣 150 克　鸡蛋 4 枚　杏仁 30 克　化猪油 1000 克（耗 50 克）

【调料】白糖 250 克　干豆粉 125 克

【选料】选用干净猪网油。

【制作】

1. 蜜枣洗净，去核、制成枣泥；杏仁去皮、炸酥、铡碎与枣泥制成枣馅；干豆粉碾细。

2. 取 2 枚鸡蛋清加 50 克干细豆粉拌成蛋清豆粉；2 枚鸡蛋液加 50 克干细豆粉拌成全蛋豆粉，待用。

3. 将网油用水洗净，晾干水分，铺在墩子上面用刀划成 7 厘米见方的块，共 12 块，网油梗用刀背捶平，全部抹上蛋清豆粉。

4. 将枣泥馅搓成条形，放在网油上卷成直径 2 厘米粗的长条筒形，改切成 6 厘米长的卷。将网油卷用干细豆粉滚一下，两头粘上碾细的干细豆粉，平放入盘内，将全蛋豆粉均匀地浇在网油卷上。

5. 炒锅洗干净置旺火上，下化猪油烧至六成热，将网油卷裹上全蛋豆粉逐个炸至淡黄色时捞起，待油温升至七成热时，再将其全部放入油锅炸成黄色，捞出。

6. 另取炒锅洗净置中火上，掺清水 100 克，加入白糖炒至鼓大泡时，放入网油枣泥卷炒转，使之均匀粘糖、上霜，呈乳白色时起锅装盘。

【风味特点】

皮酥甜香、爽口化渣。

【注意事项】

1. 网油卷大小长短一致，要均匀地滚上干细豆粉。

2. 炒水糖翻起大泡时，才能下枣泥卷。

【学习要求】

要掌握炒水糖汁的火候，每个网油卷粘糖均匀，呈乳白色。

【讨论复习题】

1. 网油梗子为什么要捶平？

2. 为什么网油枣泥卷要炸成黄色？